OIL & CHEMICAL TANKER
운용 실무

OIL & CHEMICAL TANKER SHIPBOARD OPERATION

박득진 · 홍태호 · 이인길 · 원주일 · 정창현

문현
Mun Hyun

본 교재는 교육부와 한국연구재단의 재원으로 지원을 받아 수행된 목포해양대학교 사회맞춤형 산학협력
선도대학(LINC+) 육성사업의 교재입니다.

머리말

TANKER선은 우리나라 선원이 승선하는 선박 중에 많은 비중을 차지하고 있으며, 액체화물(BULKED LIQUID)을 운용하고 취급하는 전문지식을 갖추는 것의 중요성은 항상 강조되고 있다. 특히 액체화물을 운반하는 TANKER의 경우에는 해양사고 발생 시, 해양환경 또는 인명에 대한 위험이 다른 선박에 비하여 매우 크다. 그래서 사고를 예방하기 위해 사전에 선박 운용에 관한 교육과 MARPOL과 같은 법령의 지식 획득이 매우 중요하다.

특히 TANKER선은 1990년대 이후로 MAJOR INSPECTION 수검의 중요성이 증대되었다. 이러한 검사는 운용 및 지식이 뒷받침되지 않고서는 준비할 수 없으며, 최근에는 담당 사관에게 인터뷰를 통해 업무 능력이나 지식을 검증하고 있다.

그래서 이 교재는 개정 STCW 협약기준과 운용 가이드를 바탕으로 OIL TANKER와 CHEMICAL TANKER를 운용하기 위한 실무 교재로 사용하기 위해 집필하였다. OIL/CHEMICAL TANKER에 승선하고자 하는 초급 사관과 선원을 위하여 집필하였고, 더불어 TANKER와 관련한 유관기관 및 기업체에서 활용 가능하게 기본적인 운용에 대한 기초 지식을 제공할 수 있을 것으로 판단된다.

더불어 이 교재에서는 이전의 지식 위주의 교재에서 교수진과 실무진의 협력을 통하여 지식과 실무를 동시에 수록하고자 하였다. 일부 내용과 그림은 실무의 환경을 반영해야 하기에 교재에 수록되기 부적절할 수 있지만, TANKER 운용의 실무를 집필하고자 하는 저자들의 의도를 독자께서는 이해해주길 바란다.

결과적으로 현장경험은 물론 현재 선박 관리 업무를 맡고 있는 해운기업과 교육을 담당하는 교수가 집필에 참여하였기 때문에 학생들에게 좀 더 내실 있는 실무 내용이 전달될 것으로 기대한다.

2021년 2월

Contens

Contens

Part 1

OIL TANKER

제1장
오일 탱커의 개요

1.1. 오일 탱커의 종류

탱커(tanker)는 액체화물을 산적(散積)으로 운송하는 선박을 말하며, 일반적으로 석유[1]를 운송하는 선박을 탱커(tanker)라 한다. 원유(crude oil)를 채굴한 곳에서 선박에 선적한 후 운송하고, 정유사에서는 이를 정유를 거쳐 생산된 석유화학 제품들을 소비자에게 판매하게 된다. 일반적으로 석유를 운송하는 선박을 탱커라고 부르기 때문에 화학 제품을 운송하는 선박을 케미컬탱커(chemical tanker), 액화천연가스(LNG)[2]를 운송하는 선박을 LNG탱커, 액화석유가스(LPG)[3]를 운송하는 선박을 LPG탱커라고 한다. 탱커를 적재 화물별과 분류하면 〈그림 1-1〉과 같으며, 이들 선박들은 해당 화물만 전용으로 운송하지만, 다른 종류의 화물도 번갈아가며 선적하는 경우도 있다.

---

1) 석유(石油, petroleum) : 원유(crude oil)와 석유제품유(product oil)로 구분됨. 천연에서 액체 상태로 산출되는 탄화수소의 혼합물이며, 가공되지 않은 석유라는 이름으로 원유라고 불림. 공기가 없는 상태에서 미세한 바다 유기물이 분해되면서 형성되었을 것으로 추측됨. 정제하지 않은 석유를 원유(原油, crude oil)라고 하며 이를 정제하여 휘발유, 경유, 등유, 중유 등을 제조함. 각종 산업에 필수적인 에너지 자원이며 동시에 공업 원료로 사용됨.
2) Liquified Natural Gas.
3) Liquified Petroleum Gas.

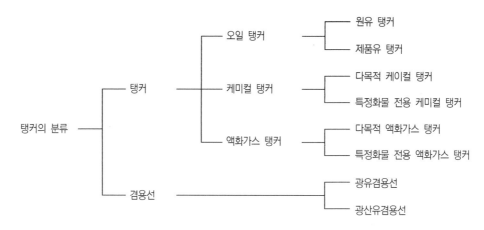

《그림 1-1》 적재 화물별 탱커의 분류

　　오일 탱커는 주로 운송하는 화물 종류에 따라 원유탱커(oil tanker)와 제품유탱커 (product tanker)로 구분한다. 오일 탱커는 원유 운송을 위한 전용선을 말하며, 제품유 탱커는 석유정제품(휘발유, 나프타, 디젤유 등)을 운송하는 선박을 지칭한다. 원유와 광 석을 번갈아 가면서 선적하는 광유겸용선(ore/oil tanker), 광산유겸용선(ore/bulk/oil tanker)도 있었지만, 현재는 존재하지 않고 운송하는 화물의 양에 적합한 형태의 탱커로 운용되고 있다.

　　1994년 이후부터는 국제규정으로 단일선체 탱커의 건조를 금지하였기 때문에 현재는 《그림 1-2》와 같은 이중선체 구조의 탱커가 운용되고 있다.

《그림 1-2》 원유탱커(Very Large Crude Carrier, VLCC)

〈그림 1-3〉 제품유탱커(product tanker)[4]

1.2. 오일 탱커의 구조

MARPOL 73/78 협약은 재화중량 20,000t 이상의 신조 오일 탱커 및 재화 중량 30,000t 이상의 신조 제품유탱커는 분리밸러스트탱크(Segregated Ballast Tank, SBT)로 운항할 것을 요구하고 있다. 때문에 오일 탱커는 화물탱크에 밸러스트 적재가 금지되어 있고, 전용밸러스트스탱크에만 밸러스트를 적재해야 한다. 또한 SBT는 만약 사고 시에 기름 유출을 최소한으로 억제하기 위한 보호적 배치(protective location)를 고려해야 한다.

---

4) https://www.offshore-energy.biz/two-more-product-tanker-orders-for-hyundai-mipo-dockyard, 2020. 01.05.

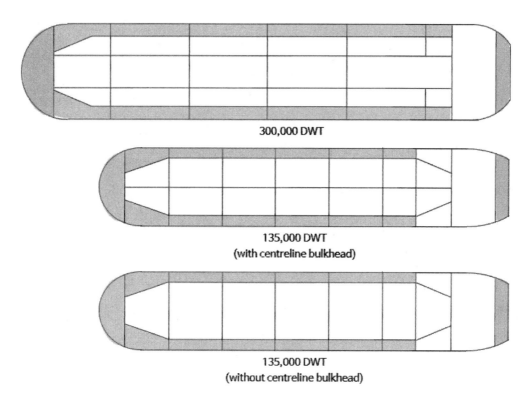

300,000 DWT

135,000 DWT
(with centreline bulkhead)

135,000 DWT
(without centreline bulkhead)

〈그림 1-4〉 탱커의 일반적인 배치도

〈그림 1-5〉 오일 탱커의 일반적인 구조[5]

5) http://www.glasgowmaritimeacademy.com, 2020.11.12.

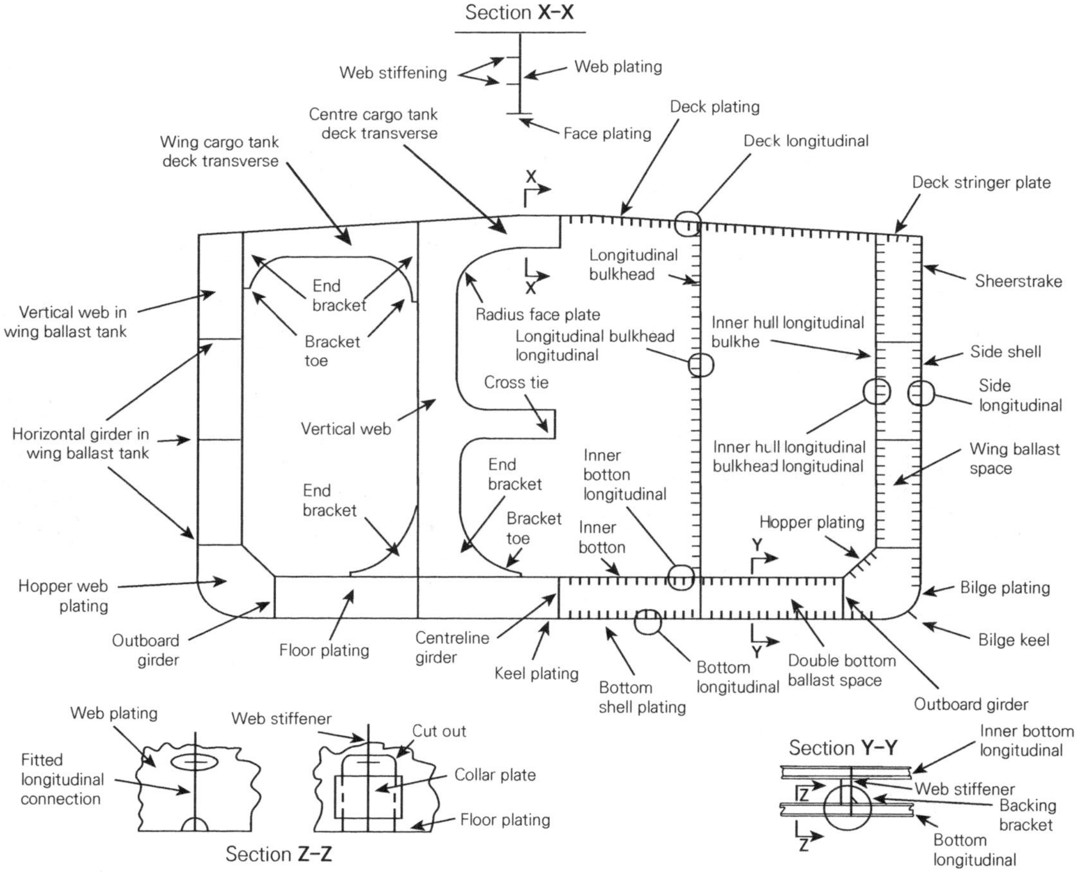

〈그림 1-6〉 오일 탱커선의 상세단면 구조

Section X-X

Web stiffening
Web plating
Face plating

Deck plating
Deck longitudinal
Deck stringer plate
Sheerstrake
Side shell
Side longitudinal
Wing ballast space
Bilge plating
Bilge keel

Centre cargo tank deck transverse
Wing cargo tank deck transverse

Longitudinal bulkhead
Radius face plate
Longitudinal bulkhead longitudinal
Cross tie
End bracket
Bracket toe

Inner hull longitudinal bulkhe
Inner hull longitudinal bulkhead longitudinal
Hopper plating
Outboard girder
Inner bottom longitudinal
Double bottom ballast space
Bottom longitudinal

Section Y-Y

Web stiffener
Backing bracket
Bottom longitudinal

Inner bottom longitudinal
Inner bottom
Bracket toe
Bottom shell plating
Keel plating
Centreline girder

End bracket
Bracket toe
Vertical web
End bracket

Vertical web in wing ballast tank
Horizontal girder in wing ballast tank
Hopper web plating
Outboard girder
Floor plating

Web stiffener
Cut out
Collar plate
Floor plating

Section Z-Z

Web plating
Fitted longitudinal connection

14 OIL TANKER

미국해양오염방지법(1990 OPA)은 미국 내에 입항하는 모든 오일 탱커는 반드시 이중바닥(double bottom) 구조를 갖추도록 규정하고 있다. MARPOL에서는 이중선체(double hull) 규정이 1993년 7월에 발효되었는데 이는 재화중량 5,000t 이상의 오일 탱커에는 이중저탱커(double bottom tank)와 윙탱크(wing tank)를 설치하도록 하고 있으며, 재화중량 500t 이상 재화중량 5,000t 미만의 오일 탱커에는 각 화물탱크의 용적이 $700m^3$를 넘지 않도록 화물탱크를 배치하도록 규정하고 있다.[6]

이중선체의 일반적인 종단면도는 〈그림 1-6〉과 같다. 선체의 강도확보를 위해 강력재는 종방향으로 많이 배치되며, 이들은 Centreline Girder, Bottom Longitudinal, Outboard Girder, Longitudinal Bulkhead 등으로 구성되어 있다. 횡방향 강력재로는 Transverse Bulkhead, Bottom Transverse, Deck Transverse 등으로 구성되어 있다.

1.3. 파이프라인

오일 탱커의 파이프라인(pipe line)은 크게 화물 라인(cargo line), 밸러스트라인(ballast line)으로 구분할 수 있다. 분리밸러스트탱크 오일 탱커는 이 라인들이 완전히 분리되어 있어서 하역작업을 매우 효율적으로 할 수 있다.

(1) 화물라인(cargo line)

화물의 적재, 양하 또는 탱크 내에서의 이송에 사용할 목적으로 장비된 라인이다. 화물 라인은 용도에 따라서 Cargo Pump에 연결된 Main Line과 Stripping[7] 용으로 사용되는 Stripping Line으로 분류될 수 있고, 하역방식에 따라 loading Line과

---

6) MARPOL 1992-1997 Amend / Annex I / Reg. 13F Prevention of oil pollution in the event of collision or stranding(충돌 및 좌초사고시 기름오염방지).
7) 스트리핑(stripping) : 액체화물을 양하할 때 액체화물의 양이 줄어들수록 펌프의 효율이 떨어져 펌프로는 잔량을 처리할 수 없게 되는데, 이때 스트리핑 펌프를 사용하여 잔량을 처리한다. 이 작업을 스트리핑이라고 한다.

Discharging Line 및 Cargo Pump를 중심으로 Suction Line과 Discharging Line으로 구분된다.

오일 탱커의 일반적인 화물관의 명칭은 〈그림 1-7〉과 같다. 화물라인들의 배관 방식은 대형 오일 탱커의 경우 펌프의 대수별로 그룹(group) 방식을 택하는 경우가 많은데, 이 방식은 여러 종류의 화물 분리 적재에 효과적이다. Ring 방식은 배관 시 자재 부분에서 유리하므로 보통 이들 방식을 수정하여 배관한다.

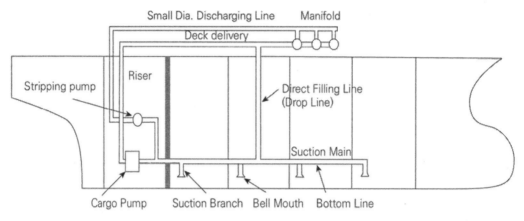

〈그림 1-7〉 오일 탱커의 화물라인 명칭

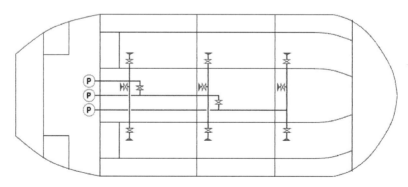

〈그림 1-8〉 그룹(group) 배관 방식의 예

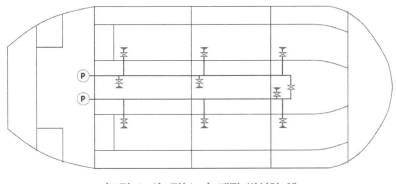

〈그림 1-9〉 링(ring) 배관 방식의 예

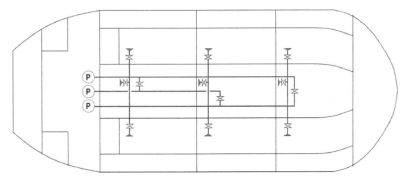

〈그림 1-10〉 혼합(combination) 배관 방식의 예

〈그림 1-11〉 화물탱크 바닥 부분에 설치되어 있는 Main Cargo Line

GROUP	SYMBOL	TANK
NO. 1		NO.1,2,4 C.O.T.(C), NO.5 C.O.T.(P&S), SLOP T.(S)
NO. 2		NO.1,4 C.O.T.(P&S), NO.3 C.O.T.(C), SLOP T.(P)
NO. 3		NO.2,3 C.O.T.(P&S), NO.5 C.O.T.(C)

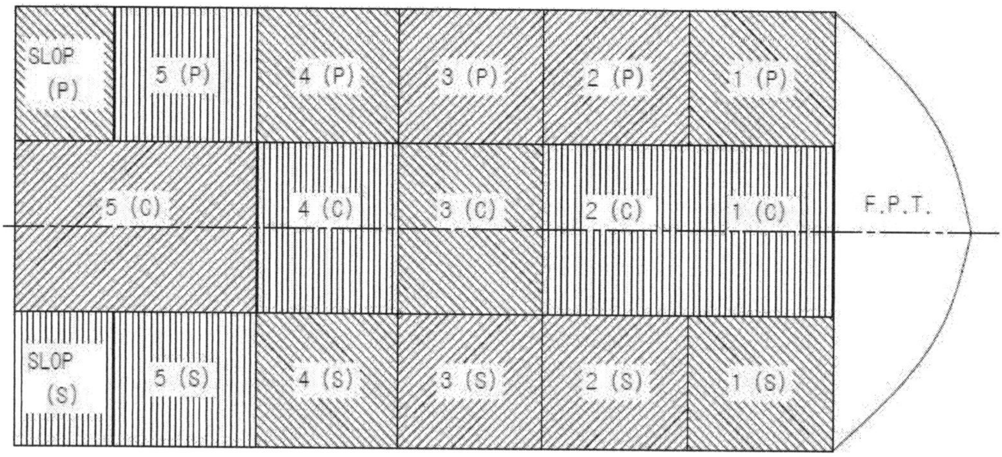

〈그림 1-12〉 300K VLCC의 화물라인에 따른 화물탱크 그룹의 예

(2) 밸러스트라인(ballast line)

밸러스트[8] 전용 탱크의 밸러스트 워터 적재 및 배출을 위한 라인이며, 화물 라인과는 완전히 분리되어 있고, 밸러스트 전용 펌프에 연결하여 사용한다.

---

8) 밸러스트(ballast) : 평형수. 선박의 균형을 유지하기 위해 싣는 중량물. 일반적으로 물을 채워 배의 균형을 맞추고, 흘수와 트림을 조정한다.

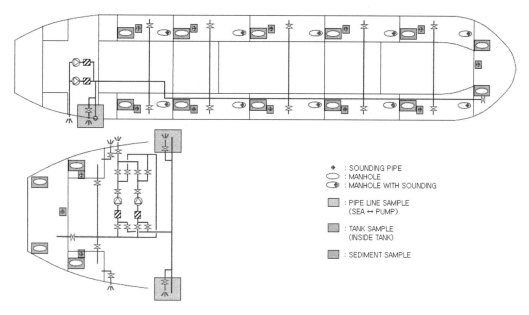

: SOUNDING PIPE
: MANHOLE
: MANHOLE WITH SOUNDING
: PIPE LINE SAMPLE (SEA ↔ PUMP)
: TANK SAMPLE (INSIDE TANK)
: SEDIMENT SAMPLE

〈그림 1-13〉 Ballast Line

(3) 기타 라인

① Tank Cleaning Line

Cargo Tank의 세정 시 사용할 목적으로 Tank Cleaning Pump에서 Heater를 거쳐 갑판에 설치된 Line이다. 원유 세정장치가 되어 있는 탱커에서는 카고펌프의 출구 측 라인과도 연결되어 있어 원유세정 및 해수세정에 공통으로 사용할 수 있다.

② Heating Coil

화물의 종류에 따라 Heating이 필요한 경우가 있는데, 이를 위하여 일부 탱크 내에 직경 1.5~2인치의 관(pipe)이 배열되어 설치되어 있다. 여기에 증기(steam)를 주입하여 화물을 가열시키도록 한 것이다. 태형 오일 탱커의 경우 보통 Slop Tank에 Heating Coil이 설치되어 있다.

〈그림 1-14〉 Slop 탱크 바닥에 설치되어 있는 Heating Coil

③ 벨마우스(bellmouth)

Suction Line의 끝단에는 액체의 흡입이 용이하도록 원주형, 종형 또는 타원형의 벨마우스가 설치되어 있다. 벨마우스와 탱크 바닥(bottom)과의 간격은 메인 Suction Line의 경우 5~10cm, Stripping Line의 경우 1~3cm 정도이다.

〈그림 1-15〉 화물탱크의 Bellmouth

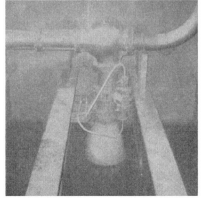

〈그림 1-16〉 밸러스트탱크의 Bellmouth

④ 배기관(vent line)

화물 선적 시 탱크 내부 공기의 배출, 양하 시 공기의 흡입 또는 불활성가스(inert gas)의 공급 등 탱크 내의 압력 조절을 목적으로 설치된 라인이다. 화물탱크 내의 압력을 허용압력 이내로 유지하여 탱크 구조의 손상을 방지하고, 항해 중 화물의 기화 손실을 억제하는 역할을 한다. Vent Riser의 최상부에는 Frame Arrestor가 설치되어 있어 점화원이 탱크 내부로 침투하지 못하게 되어 있다.

〈그림 1-17〉 정비중인 Vent Line과 Vent Riser

⑤ High Velocity Valve와 Breather Valve

탱크 내 압력이 일정치 이상 되면 탱크 내 가스를 방출하고, 일정치 이하로 부압9)이 되면 외기를 흡입하는 자동 흡입(吸入)·흡출(吸出) 밸브이다. 이것은 압력으로 인한 탱크의 손상을 방지하는 것이 주목적이며, 동시에 탱크 내부에 가압상태를 유지하여 화물의

---

9) 부압(負壓, negative pressure) : 대기압보다 낮은 압력.

기화 손실을 줄이는 역할을 한다. 허용압력은 약 $0.14 kgf/cm^2 \sim -0.06 kgf/cm^2$10)이며, 메이커별로 차이가 있을 수 있다.

〈그림 1-18〉 High Velocity Valve

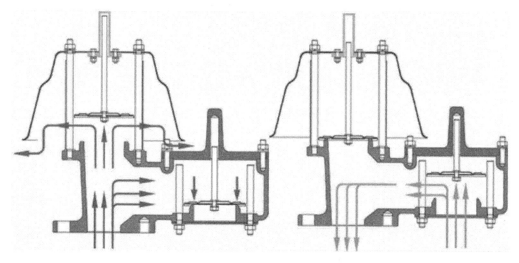

〈그림 1-19〉 Breather Valve의 작동 원리 / (좌)양압, (우)부압11)

---

10) 1,400mmAq~-600mmAq.

⑥ P/V 브레이커(Pressure Vacuum Breaker)

탱크 내부의 압력이 브리더 밸브의 설정치 이상 혹은 이하의 압력을 조절하는 장치이다. 내부에 있는 부동액이 첨가된 물을 이용하여 압력을 조절한다. 허용압력은 약 $0.189kgf/cm^2 \sim -0.063kgf/cm^2$ 12)이다.

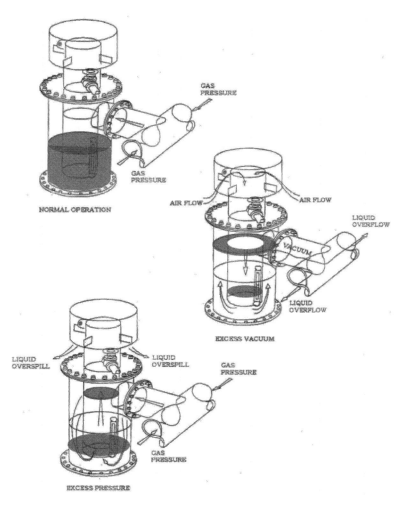

〈그림 1-20〉 P/V Breather의 작동 원리

---

11) https://ulsansafety.tistory.com/1221, 2021.1.5.
12) 1,890mmAq~630mmAq.

1.4. 화물밸브(cargo valve)

화물 라인에 설치된 밸브를 화물 밸브라 부르며, 대부분 유압으로 개폐할 수 있게 되어 있다. Cargo Control Room이나 갑판 상의 여러 개소에 설치되었으며, 제어 상자로 원격으로 작동시킬 수 있다.

① 앵글밸브(angle valve), 글로브밸드(glove valve) : 수밀성은 충분하나 저항 손실이 크므로 주로 소구경이나 만곡부 등에 쓰인다.

② 슬루이스밸드(sluice valve) : 수밀성이 충분하고 저항 손실도 적어 특히 수밀이 요구되는 Manifold의 Gate Valve나 Sea Chest Valve 등에 사용된다.

③ 버터플라이밸브(butterfly valve) : 제어성이 좋으며 수밀성도 뛰어나 화물관에 주로 사용된다.

④ 체크밸드(check valve) : 어느 한쪽으로만 유체가 흐르도록 설계되어 있다.

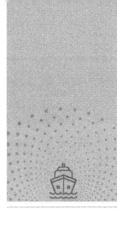

제2장
화물의 특성

2.1. 화물의 기초

2.1.1. 밀도 및 비중

원유, 제품유 및 화학제품 생산지 및 종류 등에 따라 고유한 밀도와 비중을 가지므로 화물의 물리적 특성을 알 수 있으며, 특히 화물량 계산에 많이 사용된다.

(1) 밀도(density)

밀도(ρ)란 물질의 특성 중 하나로 단위 체적(V) 당 물질의 질량(m)을 의미한다. 밀도는 적은 부피에 많은 질량을 차지할수록 높아져서, 고체 > 액체 > 기체 순으로 같은 물질의 밀도가 변하게 된다.

$$밀도 = \frac{물질의\ 질량}{물질의\ 체적}\ [kg/m^3]$$

(2) 비중량(Specific weight)

비중량은 단위 체적당 물질의 중량으로 정의된다.

$$비중량 = \frac{물질의\ 중량}{물질의\ 체적}\ [kg_f/cm^3]$$

(3) 비중(Specify gravity : S.G.)

비중은 4℃의 물과 같은 체적을 갖는 다른 물질과의 비중량, 또는 밀도와의 비를 비중이라 한다. 물의 비중은 1이며, 액체의 체적은 온도에 따라 변하므로, 액체의 비중은 그 온도를 나타내야 한다. 즉 화물의 적재 체적(부피)에 비중을 곱하면 화물의 중량을 알 수 있다. 화물 탱크는 설계된 압력보다 높은 비중을 사용하면 안 되며, 선장은 화물 탱크를 보호하기 위하여 증기압이 설계 압력을 넘겨 사용되지는 않는지 확인을 해야 한다. 고 비중의 화물을 적재하는 경우 선장은 탱크에 미치는 유동수 영향 및 수격 현상 및 빈 탱크의 안정성 및 복원성을 고려해야 한다.

(4) 에이피아이(API) 비중

미국석유협회(American Petroleum Institute, API)에 의해 만들어진 석유류의 비중 표시법이다. API 비중은 60°F의 온도를 기준으로 하고 있으며, 비중과의 관계는 다음과 같다.

$$API 비중 = \frac{141.5}{S.G\,60/60^o F} - 131.5$$

API 비중은 비중에 반비례하여 API 비중의 수치가 높을수록 낮은 비중(S.G.)을 의미한다. 선박에서 API 비중계로 측정은 가능하지만, 대부분 선박에서 측정하지 않고 터미널에서 측정하여 API비중 증명서를 이용하여 사용한다. 화물의 체적에 석유표 Table 13에서 해당 API 비중의 수치를 곱하면 메트릭톤(metric ton, M/T)을, 석유표 Table 11에서 해당 API 비중의 수치를 곱하면 롱톤(long ton)을 구할 수 있다.

2.1.2. 온도

화물 온도는 유증기 발생, 화물의 체적 및 압력 등에 많은 영향을 미치는 중요한 요소이다. 또한 비중을 통해 화물량을 계산하기 때문에 필수 고려 요소이다. 온도는 섭씨, 화씨 및 절대온도 등이 있다. 이 중 선박에서는 일반적으로 액체 화물과 관련해서 화씨를 많이 사용한다.

(1) 화씨(Fahrenheit) 온도

화씨 온도는 영국이나 미국에서 주로 사용하며, 단위는 °F를 사용한다. 1기압의 대기에서 물의 어는점(0°C)을 32°F, 끓는점(100°C)을 212°F로 정하고, 이를 180등분 한 온도 표시법이다.

(2) 섭씨(Celsius) 온도

1742년 스웨덴인 셀시우스(Cesius)에 의하여 제안된 온도 표시법으로 물의 어는점을 0°C, 끓는점을 100°C로 하여 그사이를 100등분 한 온도 표시법이다. 100등분 하는 표시법이므로 센티그레이드(Centigrade) 온도라고도 불린다. 화씨와 섭씨 간의 상호 환산식은 다음과 같다.

$$T\,°\mathrm{F} = \frac{9}{5} \times t\,°\mathrm{C} + 32$$

$$t\,°\mathrm{C} = \frac{5}{9} \times (T\,°\mathrm{F} - 32)$$

2.1.3. 점도(viscosity)

점도는 유체의 흐름에 대한 저항을 의미하며 일반적으로 인접하는 유체 층간에 작용하는 상대운동을 방해하는 성질이다. 그래서 운동에 대한 내부마찰 혹은 내부저항이라고 할 수 있다. 온도가 액체의 점도에 미치는 영향은 매우 커서, 온도가 높아지면 점도는 현저하게 감소한다.

2.1.4. 연소와 폭발

연소란 물질이 공기 중 산소를 매개로 많은 열과 빛을 동반하면서 타는 현상으로 일반적으로는 불꽃을 내며 타는 현상을 의미한다. 어떤 물질이 연소하기 위해서는 〈그림 2-1〉과 같이 3가지 요소가 필요하다. 첫 번째 요소는 가연성 물질이다. 일반적으로 고체보다는 액체가, 액체보다는 기체가 더 잘 연소한다. 두 번째 요소는 발화원이며, 발화점

이상의 온도가 필요하다. 발화점이란 불꽃이 직접 닿지 않고 열에 의해 스스로 불이 붙는 온도로써, 연소를 위해서는 발화점 이상으로 온도를 높일 수 있는 열이 필요하다. 마지막으로 일정량 이상의 산소가 있어야만 연소가 일어난다. 이 세 가지의 조건 중 어느하나라도 충족되지 못하면 애초에 연소반응이 일어나지 않으며, 설사 연소반응이 일어나고 있다고 하더라도 타고 있는 물질의 불은 꺼지게 되며 이러한 현상을 소화라고 한다.

〈그림 2-1〉 연소의 3요소

폭발은 급속히 진행되는 화학반응에서 관여하는 물체가 급격하게 그 용적을 증가하는 반응을 의미한다. 그 조건은 연소의 조건을 갖추고 있으며, 또한 폭발물질이 산소와 화합하는 가연성 물질이고, 산소화합물이 혼합되어 있어야 한다. 폭발은 연소를 거쳐 진행되므로, 폭발이 일어나는 조건은 연소가 일어나는 조건을 갖추고 있어야 한다. 즉 폭발물질은 산소와 화합하는 가연성 물질이거나 물질 자신이 산소 원자를 함유하고 있든가 산소화합물이 혼합되어 있어야 한다. 또한 연소의 반응열이 빠르게 다량으로 발생하고 생성 가스도 다량이어야 한다는 것도 조건이 된다.

2.1.5 폭발범위(Explosive Range)

불이 붙을 수 있는 최저의 기체 농도를 폭발하한(Lower Explosive Limit; L.E.L)이라 하고, 불이 붙을 수 있는 최고의 기체 농도를 연소상한(Upper Explosive Limit; U.E.L)

이라 한다. 탱커에서는 가연성 물질의 양이 다량이기 때문에 연소가 발생하면 폭발적으로 반응한다. 그래서 일반적으로 연소범위와 폭발범위는 서로 일치한다. LEL과 UEL은 물리적 상수가 아니며 습도, 가연성 혼합가스의 온도, 농도의 영향에 의해 변할 수 있다.

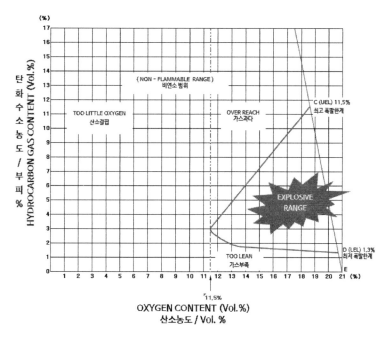

〈그림 2-2〉 Explosive Range Diagram

2.1.6 인화점, 연소점 및 발화점

(1) 인화점(Flash Point)

인화점은 가연성 증기를 발생하는 액체 또는 고체와 공기의 계에 있어서 기체상 부분에 다른 불꽃이 닿았을 때 연소가 일어나는데, 필요한 액체 또는 고체의 최저온도를 의미한다. 인화점 측정 방법은 많은 형태의 것들이 있으나 크게 개방 용기 인화점과 밀폐 용기 인화점으로 분류된다. 개방 용기 인화점은 액체의 표면을 대기에 계속 개방시킨 채로 액체를 가열하여 시험하며, 등유류와 인화점이 80°C를 넘는 중질 중유에 적용된다.

밀폐용기 인화점은 발화원을 가열할 때의 짧은 시간 동안을 제외하고는 액체 상부 공간이 항상 밀폐된 채로 행하는 방법이다. 저 인화점 석유인 가솔린과 대부분의 원유에 적용된다. 개방 용기 인화점 시험에서는 인화점이 밀폐 용기 인화점보다 약간(약 5°F 내지 10°F) 높다. 인화점은 휘발유는 -45℃, 벤젠 -11℃ 등이다.

(2) 연소점(Fire Point)

인화점에서 액체상부의 가스는 즉시 연소하여 액체 표면을 가열할 수 없어서 화염과 연소를 지속시킬 수 있는 충분한 새로운 가스를 기화시킬 수 없다. 그러나 온도를 상승시키면 기화 속도가 증가하여 화염전파속도에 이르고 결국 계속된 연소가 일어날 수 있게 된다. 이때의 온도를 연소점 또는 연소온도라고 한다.

(3) 발화점(Ignition Point)

가연성 물질 온도가 열에 의해 혹은 디젤 엔진에서와 같이 단열적으로 상승할 때 일제히 연소가 시작된다. 이 온도를 자기연소온도 혹은 발화점(발화온도, 착화온도, 자연발화온도)이라 한다.

2.1.7 응고점(Freezing Point)과 융해점(Melting point)

액체를 냉각하면 어느 온도에 이르면 조금씩 "응고"하여 고체로 변하게 된다. 순수한 고체를 가열하여 어느 온도에 이르게 된다면 조금씩 융해하여 마침내 전부 액체로 변하게 된다.

순수한 물질은 어느 특정한 온도(각 물질마다 정해짐)에서 액체 상태와 고체 상태를 천천히 냉각하거나 열을 가하면 그 특정온도에서 응고(Freezing) 또는 융해(Melting) 반응이 일어난다. 그 특정온도를 응고점(Freezing Point)과 융해점(Melting point)이라고 한다.

2.1.8. 증기압과 끓는점

증기압은 액체의 증발하려는 경향을 수치로 나타낸 것이다. 액체가 밀폐공간에 있을 때 일정 온도에서 영속적으로 미치는 증기의 압력이다. 온도 상승 때문에 증기압도 상승하며 액체의 포화 압력과 동등하게 되면 거품을 일으키면서 끓게 된다. 액체의 끓는점이란 주변 환경이 액체에 가하는 외부압력과 액체의 증발에 의한 증기압이 같아지는 온도이다. MSDS 상의 증기압은 규정된 온도에서의 절대압력이고 단위는 mmHg이다. 특별하게 규정되지 않는 이상 끓는점은 액체의 증기압이 표준 외부 압력과 같은 때 온도이다.

증기 밀도는 공기의 상관관계로 표시하며, 선적 중이나 밀폐공간에 축적되어 있을 때 대기로 분산을 조절하는 주요인이다. 대부분의 유증기는 대기보다 무거워 대기 안정 상태에서 가라앉는 경향이 있다. 화물 증기 배출 시 가능한 가장 높은 위치에서 배출하도록 하여 작업 장소에는 충분히 희석되어 인체에 유해하지 않도록 관리해야 한다. 특히 밀폐구역의 증기를 확인할 때 증기 성분이 바닥 부근에 축적될 수 있으니 구역의 최저 구역에서부터 확인하여야 한다.

2.2. 오일 탱커의 화물

오일 탱커의 화물은 원유와 제품유로 구분할 수 있다.

2.2.1. 원유(crude oil)

원유는 천연에서 액체 상태로 산출되는 흑갈색의 점도가 높은 탄화수소의 혼합물로써, 가공되지 않는 석유라는 의미로 '원유'라고 부른다. 원유는 생산지와 기름층에 따라 성상이 현저하게 다르며 석유 가스(주로 프로판 및 부탄), 고형 파라핀, 아스팔트, 각종 화합물 및 불순물 등을 포함하고 있다. 원유의 성분은 〈표 2-1〉과 같이 탄화수소가 주성분이며, 그 외 질소화합물, 황화합물, 산소화합물, 금속 등 불순물이 섞여 있으며, 이러한 불순물은 석유제품의 품질을 저하하므로 정유 공정에서 분리·제거한다. 황분은 모든 천연석유에 함유되어 있으며 정제과정에서 장치와 기구의 부식을 가져오거나 또는 촉매에 영향을 준다. 또한 배기가스 속에 섞여서 대기오염의 주요 원인이 되는 등 가장 문제가 되는 불순물이다. 질소화합물은 인체에 영향을 주는 독성을 지니고 있지는 않으나 석유 제품의 품질을 저하하고 대기오염의 주요인의 하나인 질소산화물의 발생 원인이 된다.

원소	구성 비율
탄소(carbon)	83 ~ 87%
수소(hydrogen)	10 ~ 14%
질소(nitrogen)	0.1 ~ 2%
산소(oxygen)	0.1 ~ 1.5%
황(sulfur)	0.5 ~ 6%
금속(metals)	〈 0.1%

〈표 2-1〉 원유의 성분

2.2.1.1. 성상에 의한 분류

원유는 같은 생산지에서도 성상에 많은 차이가 있으며 화학적 성분에 따라 분류하는 경우에는 원유를 이루고 있는 주성분인 탄화수소의 종류에 따라 파라핀기 원유, 나프텐기 원유 및 혼합기 원유로 분류한다.

(1) 파라핀기(paraffin) 원유[13]

파라핀계의 탄화수소를 많이 함유한 원유로서 등유, 경유의 품질은 우수하나 휘발유의 품질은 낮다. 일반적으로 아스팔트가 적고 파라핀 왁스는 많으며, 윤활유의 제조에 적합한 유분을 함유하고 있어서 고급 윤활유를 제조할 수 있다. 대표적인 것으로는 미국의 펜실베니아 원유, 수마트라 원유, 중동 원유의 일부가 있다.

---

13) 분자식 $C_n H_{2n+2}$, 직렬쇄상(사설모양) 구조이며 연소성이 좋으며 명칭에 접미어 ane가 붙는다.
　예) $n=1$: CH_4 메탄(methane), $n=2$: $C_2 H_6$ 에탄(ethane).

(2) 나프텐기(naphthene) 원유[14]

나프텐계의 탄화수소를 많이 함유하고 아스팔트분이 많기 때문에 아스팔트기 원유라고 부르기도 한다. 이 원유에서는 휘발유의 품질이 좋고 다량의 아스팔트를 생산할 수 있으나 등유, 경유는 품질이 나쁘다. 일반적으로 중유분의 응고점이 낮고 파라핀 왁스가 작기 때문에, 간단한 처리로 윤활유를 제조할 수 있으나 품질은 그다지 좋지 않다. 대표적인 것으로 미국의 캘리포니아 원유, 텍사스 원유, 베네수엘라 원유 등이 있다.

(3) 혼합기 원유

양자의 중간성질을 가진 것으로 세계 대부분 원유가 여기에 속한다.

2.2.1.2. 유황 함량에 의한 분류

(1) 고황화수소원유(sour crude)

보통 액체로 되어 있는 황화수소(H_2S)가 중량비로 적어도 50~60ppm(0.005~0.006%) 이상 포함된 원유이다. 황화수소는 무색으로서 공기보다 무겁고 특유의 계란 썩는 냄새가 있으며, 인체에 유해할 뿐만 아니라 탱크 내의 녹과 산화 반응을 일으켜 폭발사고를 일으킬 수도 있으므로 많은 주의가 필요하다.

(2) 저황화수소원유(sweet crude)

황화수소 함유량이 낮은 원유를 말한다.

2.2.1.3. API도에 의한 분류

원유의 가격을 결정하는 중요한 기준으로서 미국석유협회가 제정한 비중표시방식인 API비중에 따라 분류된다. 물(비중1)을 API 10으로 하고, 비중과 API비중은 반비례한

---

14) 분자식 C_nH_{2n}, 환상구조이며 파라핀기보다 연소성이 낮으며 명칭에 접두어 cyclo가 붙는다.
  예) $n=6$: C_2H_{12} 사이클로헥산(cyclo hexane)

다. 보통 API 30 이하를 중질원유(heavy crude), API 34 이상을 경질원유(light crude)로 분류한다.

2.2.1.4. 취급상 주의 정도에 의한 분류

(1) 고증기압 원유

원유에서 증기(vapor)가 발생하는 정도는 원유에 함유된 성분과 온도에 의하여 정해지며 증기압에 의하여 그 정도를 알 수 있다. 휘발 성분을 다량 포함한 원유는 증기의 발생이 많고 증기압이 높다. 이 증기압이 7 PSI(약 $0.49kg/cm^2$) 이상인 원유를 일반적으로 고증기 압원유라고 부르며, 일반 원유보다 증기손실(vapor loss) 방지 대책이나 화물 펌프의 캐비테이션(cavitation) 방지대책에 필요하다.

원유명	R.V.P.(PSI)	원유명	R.V.P.(PSI)
Arab Heavy	8.2	Khafji	7.8
Ardjuna	7.0	Kuwait	7~10
Basrah	7.6	Qatar	8.8
Iranian Light	7~10	Dubai	7.1

〈표 2-2〉 고증기압 원유

(2) 히팅원유(heating crude)

탱커가 수송하는 원유는 어느 온도 이하가 되면 유동성을 잃고 굳어버리거나 유동성은 있어도 점도가 높아서 화물 펌프로 이송할 수 없는 원유가 있다. 일반적으로 전자를 고유동점원유(high pour point crude), 후자를 고점도원유(high viscosity crude)라고 부르며, 원유 이외의 제품유 중에서도 저유황 왁스잔유(low sulphur waxy residue), 중유(heavy fuel oil)와 같이 유동점이나 점도가 높은 것이 있다. 이들 원유와 제품유는 가열에 의하여 유동성을 좋게 하고 혹은 점도를 낮출 수 있으므로, 일반적으로 양하지 입항 전부터 가열하여 적절한 온도를 유지하여 양하한다.

(3) 스파이크드원유(spiked crude) 혹은 인리치드원유(enriched crude)

원유에 부탄(butan), 나프타(naphtha) 혹은 다른 제품을 혼합시킨 것을 말한다. 혼합(blend) 방법에는 육상의 기기(blend machine)를 사용하는 방법, 육상의 관에서 행하는 방법이 있다.

2.2.2. 석유제품유(pruduct oil)

석유제품유는 경질유, 중질(中質)유, 중질(重質)유, 고체 제품으로 나눌 수 있다. 석유제품유의 종류는 매우 많고, 나라마다 규격화되어 있으며 규격 외의 제품도 많이 제조되고 있다. 탱커의 운송에서는 석유제품유를 주로 운송조건에 따라 백유(white oil), 흑유(black oil), 기타로 나누는 것이 보통이다.

2.2.2.1. 백유(white oil, clean petroleum product)

백유(white oil)는 클린 프로덕트(clean product)라고도 하며, 화재 폭발의 방지 및 화물 순도 유지에 주의를 기울여야 하는 화물이다.

(1) 콘덴세이트(condensate) 혹은 엔지엘(N.G.L., natural gas liquid)

땅속에 있을 때는 고온, 고압 상태이므로 기체 상태이지만, 상온상압의 지상에서는 액체로 되는 펜탄(C_5H_{12}) 이상의 탄화수소로 C5플러스(C5 plus)라고도 한다. 수송 시에는 제품유로 취급하고, 나프타 성분이 주성분이므로 운송 시 주의사항은 나프타와 거의 같다.

(2) 가솔린(gasoline)

자동차, 항공기, 공업용 가솔린 등이 있으며, 극히 인화하기 쉽고 증기는 공기보다 약 3~4배 무겁기 때문에 낮은 곳에 머무르기 쉽다. 운송 중 혹은 하역 시 정전기가 잘 발생하여 화재 혹은 폭발의 위험이 있다. 비중은 0.65~0.8, 발화점은 약 30℃, 특이한 냄새를 가진 무색의 액체로 휘발성이 강하다. 납 성분이 함유된 가솔린은 보통 착색되어 있다.

(3) 나프타(naphtha)

정유소에서 원유를 분류할 때 가솔린과 등유의 중간에 나오는 무색투명한 기름이며, 비중에 따라 경질 나프타, 중질 나프타 등으로 분류하며, 용도별로는 가스 나프타, 석유화학 나프타, 연료용 나프타 등이 있다. 나프타는 비중이 작고(0.65~0.76) 휘발성이 풍부하며 유황분이 0.01~0.05%로 적은 것이 특징이다. 가솔린과 유사한 위험성을 가진다.

(4) 항공연료(aviation fuel)

항공연료는 프로펠러기(왕복기관)에 사용되는 항공가솔린과 제트연료(Jet fuel, 터빈연료)로 구별된다. 제트 연료유는 가솔린과 등유의 혼합형이 주류를 이루고 있는 무색투명한 기름이며, 가솔린과 유사한 위험성을 가지고 있다.

(5) 등유(kerosene)

독특한 냄새를 가진 무색 또는 자황색의 기름이며, 비중은 0.79~0.85이다. 인화점은 상온(20℃)보다 높지만, 가열 등에 의해 온도가 인화점 이상이 되면 인화 위험은 가솔린과 거의 같게 된다.

(6) 경유(gas oil, light oil)

담황색 혹은 담갈색의 액체로 디젤 연료유(diesel fuel oil) 혹은 유출(溜出) 연료유(distillate fuel oil)라고도 하며, 비중은 0.83~0.8, 위험성은 등유와 유사하다.

2.2.2.2. 흑유(black oil)

흑유는 더티 프로덕트(dirty product)라고도 하며, 원유도 흑유에 포함되지만 제품유 중에서는 중유, 잔유유 등의 검은색을 가진 기름을 말한다. 화재 폭발의 방지 및 화물 순도에 대한 주의는 백유보다는 엄격하지 않다.

(1) 중유(heavy oil, fuel oil)

세계적으로 가장 많이 생산되고 해상 수송이 이루어지는 석유제품이다. 갈색 또는 암갈색의 점성 액체로 비중이 0.9~1.0, 인화점이 70~150℃이며 가연성이 있다. 중유에는 유황분이 0.1~3.5%, 회분이 0.05~0.1% 정도 함유되어 있다. 점도에 따라 A중유(50℃에서 20 cSt 이하), B중유(50 cSt 이하), C중유(50 cSt 이상)로 구별되지만, 운송상 액체 상태를 유지하려면 C중유는 점도에 따라 적당한 가열(heating)이 필요하다.

(2) 저유황 왁스 잔유(low sulphur waxy residue)

저유황 고 유동점의 연료유를 말한다. 왁스(wax)의 함유량이 25~30%로 많고 유동점이 15℉로써 높기 때문에 상온에서 쉽게 응고된다. 일단 응고한 경우 그 응고층을 재용해하기에는 상당히 많은 시간이 걸리므로 운송 시나 양하 중 화물가열(heating)과 탱크세정 등에 충분히 주의해야 하며, 화물관(cargo pipe) 내의 잔유는 완전히 배출시켜 응고를 방지해야 한다.

2.2.2.3 기타의 석유제품

백유, 흑유 이외에 기타의 석유제품으로는 카본블랙(carbon black), 아스팔트 역청(asphalt bitumen) 등이 있다.

구분	액체비중	기체 비중	인화점 (°C)	비점 (°C)	자연발화점 (°C)	증기압 $kg/cm^2@20°C$	연소범위 (%)
무연가솔린	0.7~0.8	3~4	-43	38~204	280~456	0.56~0.77	1.2~7.1
유연가솔린	0.8958	3~4	-43	39~204	280~457	0.56~0.78	1.3~6.0
나프타	0.69	〉3.2	〈-7	38~138	282	$150mmHg@20°C$	1.0~7.0
제트오일 (A-1)	0.75~0.81	〉1	43~65	149~288	230	$0.1mmHg@20°C$	0.6~3.7
제트오일 (JP-8)	0.7~0.82	4.5	〉38	149~289	230	$0.1mmHg@20°C$	0.7~5.0
등유	0.8	4.5	〉38	151~301	210	$5mmHg@20°C$	0.79~5.0
경유	〈0.86	4.5	53	150~380	〉500	$1mmHg@20°C$	0.7~5.0
MDO (박용경유)	0.85~0.89	〉1	69~99	282~338			1.3~6.0
중유 C	0.9~1.0	〉6	〉70	212~ 〉〉588	〉407		1.0~5.0
중유 B	0.913	〉1	〉60				
중유 A	0.82	〉1	〉60				1.3~6.0
L.S.W.R.	0.89~0.93		152~168		385		
Carbon Black	1.05~1.08		65~93	80	583		1.3~7.1
톨루엔	0.86	3.14	4	111	552		1.2~7.1
자일렌	0.90	3.68	17	144	482		1.1~7.0

〈표 2-3〉 제품유의 성상

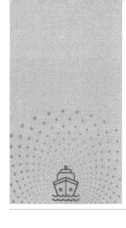

제3장
하역작업

3.1. 하역설비

유조선의 하역설비에는 Cargo Pump, Striping Pump, Eductor, Striping System, Crude Oil Washing(COW) System, Tank Level Gauge, Oil Discharge Monitoring Equipment(ODME), Inert Gas System(IGS) 등의 장비가 있으며, 이들 장비는 유조선의 안전 확보와 해양 환경보호를 위해 지속해서 발전되어 왔다.

3.1.1. Cargo Pump

모든 유체(流體)는 압력이 높은 곳에서 이동하는 특성이 있다. 펌프는 인위적으로 압력 차이를 만들고, 이러한 압력작용을 이용하여 관을 통해 유체를 이동하는 기계를 말한다. 즉 펌프는 내부에 인위적으로 진공을 만들어 유체를 입구에서 흡입하여 출구로 밀어내거나 토출하도록 만든 기계인데, 이는 대기를 구성하는 공기의 무게와 밀접한 관련이 있다.

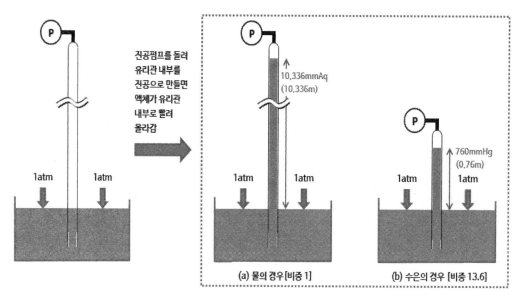

〈그림 3-1〉 펌프의 기본 원리

　그림을 예를 들어 펌프의 기본 원리를 설명하면 다음과 같다. 〈그림 3-1〉의 왼쪽 그림과 같이 한쪽 끝이 밀폐된 관을 물(비중 1)이 담긴 수조에 수직으로 세운 상태에서 진공펌프(P)를 돌리게 되면 관 내부는 점점 진공으로 변하게 된다. 그 때문에 내부의 압력이 낮아져 수조의 물은 관 내부로 흡입되어 올라가게 된다. 이론상으로 만들어낼 수 있는 진공은 대기압[15]의 힘과 같으므로 관 내부로 흡입된 물의 기둥 높이[16]는 10.336m이다. 만약 수조에 수은이 담긴 상태에서 같은 실험을 한다면 수은은 비중이 13.6으로 물보다 13.6배 무거우므로 관 내부에 흡입된 수은의 기둥 높이는 0.76m가 된다.

　이와 같은 이유로 대기압 아래에서는 어떠한 펌프라도 물에서 10m의 높이에서는 흡입할 수 없으며, 실제로는 관의 마찰저항 등으로 실제 물을 흡입할 수 있는 높이의 한계는 6~7m 정도로 나타난다. 그 때문에 펌프는 Suction Head를 최대한 낮춰 펌프룸 바닥에 설치한다.

---

15) 지상에서의 대기압 : 1기압(1atm, atmosphere) =10,336mmH$_2$O=10,336mmAq=760mmHg.
16) 수두(水頭) : 물의 높이(head of water).

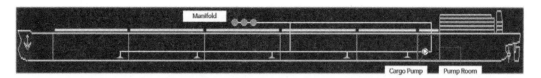

〈그림 3-2〉 Pump Room과 Cargo Pump의 위치

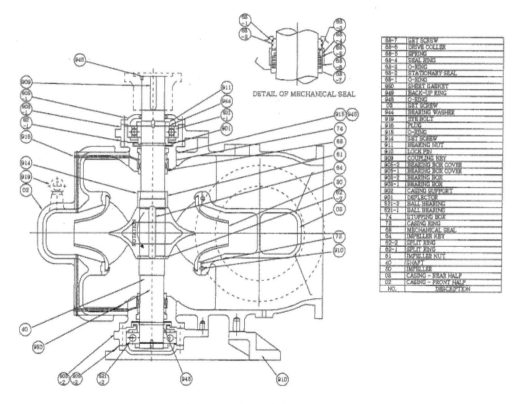

〈그림 3-3〉 원심펌프의 구조

〈그림 3-4〉 원심펌프의 내부와 Impeller Unit

원심펌프는 인위적으로 압력 Bucket에 물을 담아 회전시킬 때 물이 원심력에 의해 떨어지지 않는 원리를 이용한 Pump이다. 이때 Bucket 밑면에 구멍을 뚫어 두면 물이 나오게 되고 회전 속도를 높이면 배출되는 물의 양과 배출 거리가 커지는 양상을 이용한 것이 원심펌프이다. 원심펌프에서는 유체를 흡입, 토출시키는데 Impeller가 사용되며, 이 Impeller의 회전을 이용해 액체에 압력과 속도 에너지를 줘서 액체가 Pump Casing을 통과하는 사이 속도 에너지로 변화시켜 액체를 이송한다.

(1) 화물 펌프 사용 시 주의사항

1) 양하 불능의 원인

① Pump의 내부가 Primming 되어 있지 않을 때

② 토출 측 양정이 너무 높을 때 즉 토출 측 Pipe가 막혀 있거나 Valve가 Shut 되어 있을 때

③ 흡입 양정이 너무 낮을 때

④ Impeler가 부분적으로 막혀 있을 때

⑤ 흡입 측 Strainer 또는 흡입구가 막혀 있을 때

⑥ 회전수가 너무 낮을 때

⑦ 흡입 Pipe 내에 Vapour Lock 현상이나 Pump 내부에서 Cavitation이 발생하고 있을 때

2) 용량 부족의 원인

① 공기가 흡입관의 파공이나 Flange 혹은 Mechanical Seal 등으로부터 침입하고 있을 때

② 회전수가 너무 낮을 때

③ 흡입 양정이 너무 낮을 때

④ 전양정이 너무 높을 때

⑤ Bearing이 과도하게 마모되었을 때

3) 양하 압력 부족의 원인

① 회전수가 너무 낮을 때

② 액체 중 공기 또는 Vapour가 존재하거나 흡입구 Leaking이 있을 때

③ Bearing이 과도하게 마모 되었을 때

4) 운전 중 흡입 불능의 원인

① 흡입이나 Mechanical Seal 등으로부터 공기가 침입하고 있을 때

② 흡입 양정이 너무 낮을 때

③ 액체 중에 공기가 존재하거나 또는 Vapour가 발생하여 Vapour Lock 현상이나 Cavitation이 일어날 때

5) 진동의 원인

① 회전부의 Balance가 맞지 않을 때

② 축의 중심 맞추기가 불량할 때

③ Cavitation이 발생할 때

④ Pump를 과부하로 운전할 때

⑤ 중간축 Gear Coupling의 Balance가 맞지 않을 때

3.1.2. 스트리핑 펌프

유조선에 사용되고 있는 Striping용 Pump로는 증기 왕복동 Pump가 널리 사용되고 있다. 왕복동 Pump의 작동원리는 Piston의 왕복운동에 의해 직접 액체에 압력을 주어서 Pump 내부의 용적변화에 의하여 액체를 이송하는 것이다. 왕복동 Pump는 〈그림 3-5〉와 같이 흡입 Valve와 토출 Valve가 함께 있어 이것들이 액체의 압력에 따라 Open/Shut를 반복하여 액체를 일정 방향으로 이송시키고 있다. 따라서 이들 Valve가 정상으로 작동하지 않거나 Leaking이 있는 경우 Pump는 그 효율이 현저하게 저하된다.

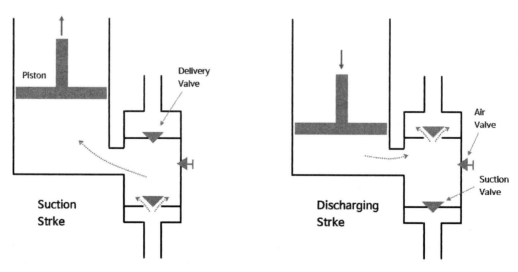

〈그림 3-5〉 왕복동 Stripping Pump

3.1.3. 에덕터(eductor)

구동 액체에 의하여 다른 액체를 흡입하는 장치를 Eductor라 한다. 이 기기는 운동하는 기계 부분이 적기 때문에 고장이 적고 취급이 간단하며 뻘물, 오수에 사용해도 지장이 없으며 크기를 작게 만들 수 있다. 결점은 상당한 구동 유체가 필요하고 또 토출량이 적어서 토출 효과가 낮지만, Striping 용으로서는 충분한 능력을 발휘할 수 있으므로 Tank Cleaning, COW, 양하 시의 Striping 등에 사용되고 있다. Striping Pump의 최대효율은 일반적으로 40~50% 정도 된다.

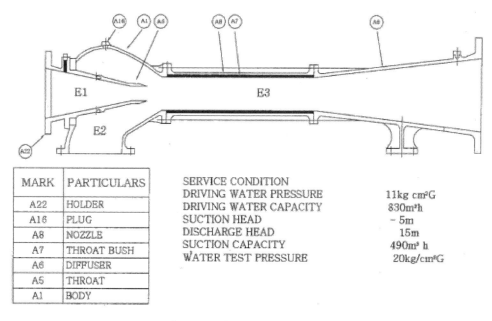

MARK	PARTICULARS
A22	HOLDER
A16	PLUG
A8	NOZZLE
A7	THROAT BUSH
A6	DIFFUSER
A5	THROAT
A1	BODY

SERVICE CONDITION
DRIVING WATER PRESSURE   11kg cm²G
DRIVING WATER CAPACITY   830m²h
SUCTION HEAD   ~ 5m
DISCHARGE HEAD   15m
SUCTION CAPACITY   490m² h
WATER TEST PRESSURE   20kg/cm²G

〈그림 3-6〉 Eductor의 구조

3.1.4. 스트리핑 시스템

스트리핑 시스템은 양하 마지막 단계에 각 Cargo Tank의 남은 기름을 완전히 하역하기 위한 장치로써, 하역 시간의 단축은 주로 이 장치를 어떻게 효과적으로 운용하는가에 달려 있다.

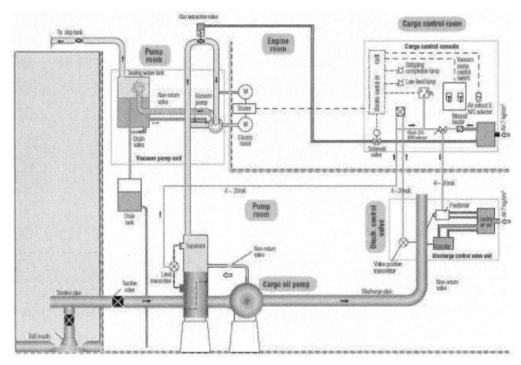

〈그림 3-7〉 Stripping System[17]

3.1.5. Crude Oil Washing(COW) System

유조선이 원유를 싣고 양하항을 향하여 항해하면, 항해 중 원유 속에 포함된 Wax, Asphalt 성분 및 모래 등이 침전하여 Tank 내 Bottom 및 구조물에 쌓이게 된다. 여러 항차 동안 이러한 침전물이 쌓이게 되면 Striping이 불량하게 되어 다량의 화물이 Tank 내에 남게 된다. 이러한 화물 Tank 내의 침전물을 제거하고 화물의 잔유량을 최소화하기 위하여 원유를 이용하여 Tank Cleaning을 하는데 이것을 Crude Oil Washing (COW)이라 한다.

---

17) https://www.hhitmc.com/eng/products/automatic.html, 2021.1.6.

〈그림 3-8〉 원유침전물

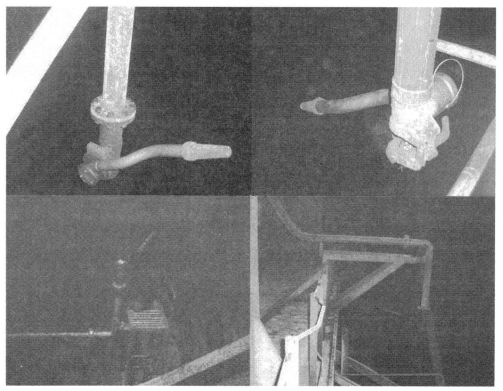

〈그림 3-9〉 COW Machine / [위] Top Machine, [아래] Bottom Machine

〈그림 3-10〉 COW Machine 정비

3.1.6. Automatic Unloading System(AUS)

하역 마지막 단계에서는 Stripping System을 이용하여 Cargo Tank의 남은 오일을 양하하게 되는데, AUS는 Cargo Oil Pump 내에 Gas 유입을 자동으로 방지하도록 하여 Stripping이 거의 자동으로 이루어지게 된다. 그 때문에 Cargo Oil Pump만으로도 Stripping을 완료할 수 있다.

3.2. 불활성가스 장치

3.2.1. IGS(Inert gas system)

IGS는 Cargo Tank내에 Inert Gas(불활성가스)를 공급하여 Tank 내의 산소 농도를 낮추어 불연성 범위로 만들어 폭발을 방지하기 위한 장치이다. 이때 사용되는 Inert Gas로는 Boiler의 배기가스를 사용하는데, 이 가스의 성분들은 고온이며 유황 성분, 그을음 등의 불순물을 포함하고 있으므로 이를 탈황, 탈진, 냉각하여 양질의 불활성 가스로 만들어 Blower를 이용하여 Cargo Tank 내에 주입한다.

3.2.2. IGG(Inert Gas Generator)

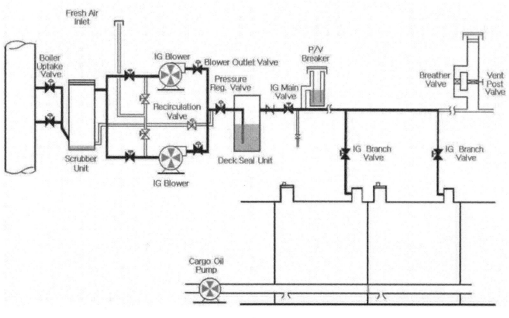

〈그림 3-11〉 IGS System

IGS와 같은 목적의 장비나 석유제품선, 케미컬 탱커선에서는 IGG를 주로 설치한다. 보일러 배기가스를 이용하지 않고, Diesel oil 또는 Bunker-C를 Burner에서 연소하여 발생하는 가스를 불활성 가스로 이용한다. 일반적으로 IGG는 IGS에 비하여 가스 내 유황함유량이 적어 높은 순도유지를 필요로 하는 화물 탱크의 불활성화 용도로 이용된다.

3.3. 화물측정시스템

유조선에서는 각 Tank 및 Level을 계측하여 CCR의 Console에 지시하는 장치가 있는데, 이들 장치를 Tank Level Gauge라고 한다. Level Gauge에는 Float Type, Air Purge Type, 저항을 이용한 장치(metritape) 및 Microwave를 이용한 장치(tank radar) 등이 많이 사용된다. 특히 최근에는 Microwave를 이용한 Tank Radar가 Tank Level Gauge로 많이 사용되고 있다.

3.3.1. MMC Gauge 탱크 계측 장비

〈그림 3-12〉와 〈그림 3-13〉은 Tank Gauging Equipment의 사용 예를 보여주고 있다. 보통 이러한 형태의 Gauge를 MMC Gauge라고 통칭하고 있다. MMC는 이 장비를 만들고 있는 일본 회사의 명칭이다. 각 Tank에 설치된 MMC Hole에 이 장비를 부착하여 Ullage, 화물의 온도, Water Check를 할 수 있다. 끝단에 달린 Sensing Prove에 기름, 물, 온도를 Check 할 수 있는 Sensor가 부착되어 있고, Check된 것을 Gauge에 나타내 줄 수 있도록 Sealing된 전선이 연결되어 있다. Ullage 및 Depth를 읽을 수 있도록 Tape에는 cm 단위로 길이가 표시되어 있다. 각각의 MMC Hole에 이 장비를 연결하였을 때 오차가 없도록 하기 위해 모든 MMC Hole에는 Zero Setting이 되어 있다. 일단 Sensing Prove가 기름에 닿으면 규칙적인 Alarm이 발생하는데, 이때의 Tape 수치를 읽으면 Ullage가 되는 것이다. Tape를 더 내려서 Bottom 부근에 도달하였을 때 만약 물이 존재한다면 또 Alarm이 발생한다. 이때는 기름에 Sensor가 닿았을 때와는 달리 Alarm 소리의 주기가 더 짧게 발생하여 기름에 닿았을 경우와 차별을 두고 있다.

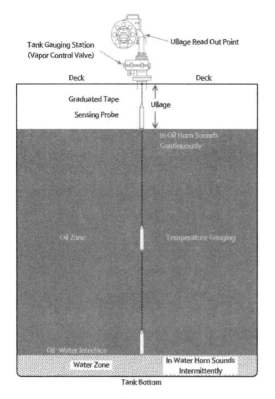

〈그림 3-12〉 MMC 계측장비

TANK GAUGING SHEET

TK	ULLAGE	WATER	TAMPERATURE			
			L	M	H	AVERAGE
1C						
2C						
3C						
4C						
5C						
1P						
1S						
2P						
2S						
3P						
3S						
4P						
4S						
5P						
5S						
SP						
SS						

VOY. NO.   DATE :
PORT

COMM :   COMP :

〈그림 3-13〉 Tank Gauging Sheet

3.3.2. Microwave Tank Level Gauge 탱크 계측 장비

Microwave Tank Level Gauge는 각 Tank의 상부에 설치된 Radar Transmitter에서 Tank 내 내용물의 표면으로 계속된 Microwave 전파를 발사한다. 표면에서 반사된 전파를 안테나에서 수신하여 발사파와 수신파의 주파수 차이를 계산하여 Ullage를 측정한다. 이러한 레이더파는 Tank의 대기(Chemical, Thick, Sticky Liquid)에 영향을 받지 않기 때문에 어떠한 환경에서도 사용할 수 있다. 그 외 Float Type, Air Purge Type 및 저항 특정 Type의 Level 측정 장치들이 사용되고 있다. Level Gauge 센서와 Cargo Control Room의 Loading Computer와 네트워크로 연결된 선박의 경우 실시간(On-Line)으로 선박의 상태를 알 수 있다.

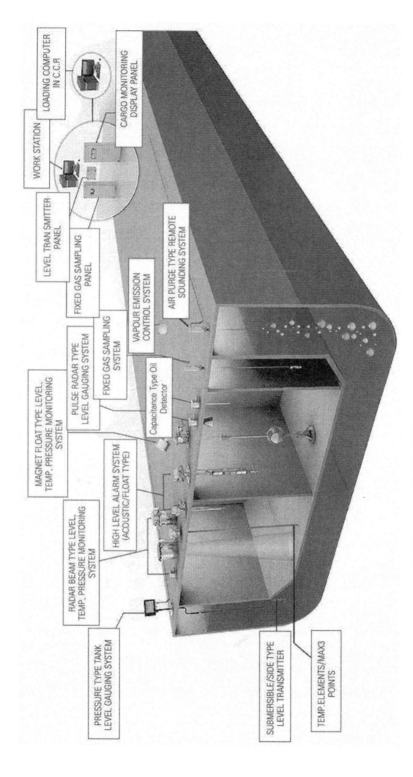

LOADING COMPUTER IN C.C.R

WORK STATION

CARGO MONITORING DISPLAY PANEL

LEVEL TRAN SMITTER PANEL

FIXED GAS SAMPLING PANEL

VAPOUR EMISSION CONTROL SYSTEM

AIR PURGE TYPE REMOTE SOUNDING SYSTEM

MAGNET FLOAT TYPE LEVEL, TEMP, PRESSURE MONITORING SYSTEM

PULSE RADAR TYPE LEVEL GAUGING SYSTEM

FIXED GAS SAMPLING SYSTEM

Capacitance Type Oil Detector

RADAR BEAM TYPE LEVEL, TEMP, PRESSURE MONITORING SYSTEM

HIGH LEVEL ALARM SYSTEM (ACOUSTIC/FLOAT TYPE)

PRESSURE TYPE TANK LEVEL GAUGING SYSTEM

SUBMERSIBLE/SIDE TYPE LEVEL TRANSMITTER

TEMP.ELEMENTS/MAX3 POINTS

〈그림 3-14〉 탱크에 설치된 Level Gauging System의 입체[도18]

18) http://www.glasgowmaritimeacademy.com, 2020.11.5.

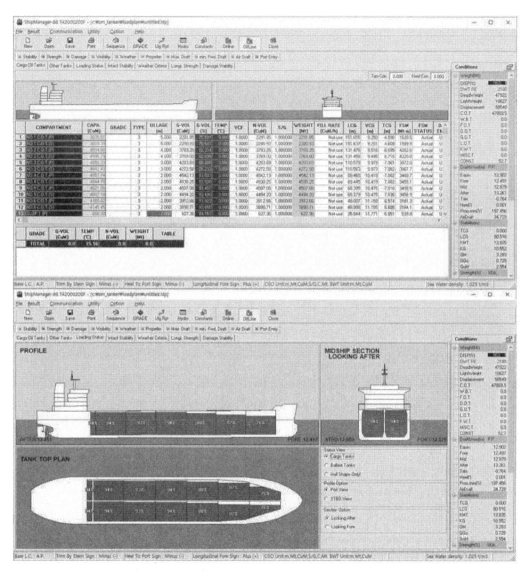

〈그림 3-15〉 탱커의 Loading Computer(ShipManager-88)

3.4. 화물가열시스템

3.4.1. 히팅 코일 시스템

화물 탱크 바닥에 설치된 가열관(heating coil) 내부에 스팀을 주입하면 뜨거운 수증기가 화물을 가열하며, 식은 수증기는 다시 보일러로 회수된다.

〈그림 3-16〉 화물 탱크 바닥에 설치되어 있는 Heating Coil

3.4.2. 순환 가열 시스템

독립배관 방식이 채택된 탱크에서 가능한 장치로, Cargo Heater가 별도로 설치된다. 화물이 Cargo pump를 이용하여 순환하면서 Cargo Heater를 통과해 가열되고, 다시 화물 탱크로 돌아와 온도를 상승시킨다.

3.5. 오일 탱커의 위험구역

인화점 60℃ 이하인 화물을 운송하는 오일 탱커에서는 방폭형 전기설비를 갖추거나 일정 용량(전 용량의 20회/시간) 이상의 통풍설비를 갖추어야 하는 위험구역을 설정해 놓고 있다. 〈그림 3-17〉의 도색부분은 유 탱커의 위험구역을 표시하고 있다.

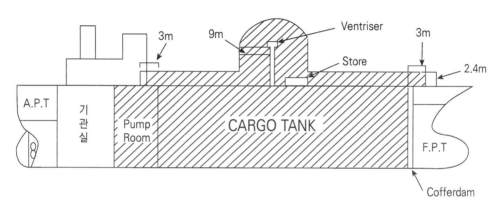

〈그림 3-17〉 오일 탱커의 위험구역

3.6. 오일 탱커의 하역작업

탱커선이 한 항차를 하면서 실시하게 되는 주요 작업으로는 선적작업, 양하작업, 밸러스트 적재 및 배출, 탱크 세정 및 퍼징(purging)과 가스 프리(gas free) 작업 등이 있다.

화물 하역 작업을 위해서는 배관을 통해 Line-up을 하고 작업을 하게 된다. 먼저 육상의 Caro Line과 본선의 Manifold를 연결한다. 본선은 선적 시에는 Manifold와 Drip Line을 통해 화물을 싣게 되고, 양하 시에는 탱크에 실려있는 화물을 펌프를 통해 육상으로 보내기 위해 Cargo Pump를 돌려 작업을 한다.

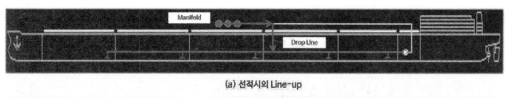

(a) 선적시의 Line-up

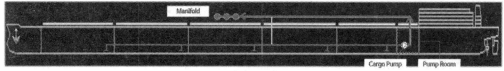

(b) 양하시의 Line-up

〈그림 3-18〉 하역시의 기본적인 Line-up

3.6.1. 일상에서의 주의

탱커선에서는 일반 선박과 달리 가연성 가스로부터의 위험을 방지하기 위하여 다음과 같은 사항을 준수해야 한다.

① 화물을 적재한 상태에서 정박 중이거나 접안 중일 때에는 주간은 붉은 깃발(B기), 야간은 홍색 전주등 하나를 마스트 또는 식별이 양호한 장소에 표시할 것.

② 정박 중이거나 접안 중 외부 방문자에게 화재·폭발에 대한 주의를 상기시키기 위해 "나화휴대금지(No Naked Light)", "흡연금지(No Smoking)", "관계자 외 출입금지(No Unauthorized Person)" 등과 "인화성 위험물 적재 중" 등이 쓰인 간판 또는 현수막을 식별이 용이한 갑판상에 게시할 것.

③ 또한, 외부 방문자가 스파크를 발생시킬 수 있는 신발의 사용 금지.

④ 지정된 장소 이외에서의 흡연 금지.

⑤ 갑판상에서는 휴대폰의 사용 금지.

⑥ 거주 구역 안에서 전열 기구를 허가 없이 사용하는 것 금지.

⑦ 화기를 사용하거나 화기를 발생시킬 위험이 있는 작업에 대해서는 안전 대책을 충분히 마련할 것.

⑧ 당직자는 취사실, 욕실, 흡연실 등의 선내 화기 관리에 주의할 것. 본선 부근에서의

화재 발생, 누유 사고 등에도 각별한 주의를 기울일 것.

⑨ 접촉, 충격으로 불꽃을 발생시키는 위험한 공구나 리듀셔(reducer) 등은 화물을 묶거나 안전하게 격납할 것. 창고 등에서도 이들을 던지지 말 것.

⑩ 창고 안에 세척용 휘발유, 등유, 도장용 신나, 페인트, 수리용 염산, 또는 인화성 액체류, 독극물 등을 보관할 때에는 넘어져 용기가 파손되기도 하고 액체가 누출되기도 함. 이러한 일들이 발생하지 않도록 밀봉하는 등 취급관리에 주의해야 함.

⑪ 휴대용 전등은 방폭형을 사용할 것.

⑫ 항해 중에는 매일 아침 갑판 상의 밸브류나 탱크 뚜껑 등이 느슨해진 것은 없는가를 확인할 것.

3.6.2. 하역 준비와 관계 용구의 점검 정비

하역 준비와 하역에 필요한 관계 용구의 점검, 정비 등 사전준비를 한다. 안전 하역설비의 정비는 당연히 안전 운송의 책임을 지고 있는 본선 측에 있다. 특히 인화성 액체류 또는 해양오염을 발생시킬 수 있는 유류를 수송하는 유조선에서는 하역설비를 양호하게 유지하기 위해서는 각별한 주의가 필요하다. 따라서 각 개소의 점검에는 반드시 현장을 확인하는 것이 필요하며, 특히 주요 개소에서는 책임자 자신이 직접 작성 확인하는 것이 요구된다. 화물유를 적재하는 탱크에는 카고라인, 갑판에서 원격 개폐하는 밸브류, 익스팬션 조인트, 라인 중간에 있는 개폐식 맹판, 벨마우스, 히팅라인 등의 구조물 외에 백유(白油, 나프타, 휘발유, 등유, 경유 등) 적재 전용의 유조선에는 탱크 내벽을 아연계 또는 에폭시 수지계 도료로 코팅하고 있는 때도 있다. 이러한 탱크 내의 구조물이나 상태가 정상적인 것을 확인하는 외에 펌프룸 내의 각 기기도 정상적인가를 확인하고 적하를 해야 한다.

화물의 적·양하 작업 중에는 수리, 보수 등의 작업이 불가능하므로, 하역 준비를 위해 탱크 내의 점검 정비와 카고펌프, 모든 카고라인, 밸브, 하역 호스 등의 하역 관련 설비를 하역 계획에 의거 자세히 점검, 정비를 해야 한다.

(1) 갑판상 카고라인 및 밸브 등

1) 카고라인에 부식, 균열이 없는가? 연결부의 패킹이 양호하고, 볼트가 제대로 되어 있는가?

2) 갑판상 화물차의 덮게, 측심관, 이동식 탱크 세정기 부착용의 개구부 및 이곳의 패킹 상태(볼트 포함)는 양호한가, 방화 철망이 있어야 하는 곳에는 정상적으로 장착되어 있는가?

3) 탱크 내의 가스를 배출하는 통풍관의 통기성은 완전한가? 방화 철망 또는 화염 방지망은 장착되어 있는가? 또는 부식으로 위험한 상태로 되어 있지는 않은가?

4) 통풍관 집합부에 브리더 밸브(Breather valve)가 설치되어 있는 경우 브리더 밸브가 정상적으로 작동하는가? 내부에 스프링식의 것은 스프링이 고착되어 있지 않은가? 외부를 페인트로 도장하여 열림, 중간, 닫힘의 손잡이(Lever)가 작동하지 않는 것은 없는가?

5) 파이프라인에는 필요한 표시가 되어 있는가?

(2) 매니폴드(manifold)

1) 매니폴드의 로딩암(또는 호스) 연결부의 지지대, 지주 등에 이상이 없는가? 하역 시의 중량, 진동에 견딜 수 있게 되어 있는가?

2) 압력계는 제대로 부착되어 있으며 이상이 없는가?

3) 접지선(Bonding cable)은 설치되었는가?

4) 소화기는 미리 "안전 규칙"에서 정해 둔 장소에 배치하고, 기타의 소화설비는 화재 발생 시 즉시 사용 가능하도록 준비할 것.

5) 매니폴드 호스의 연결부의 아래에 매트 또는 캔버스를 적당한 크기로 깔아서 갑판과의 충격으로 인한 발화를 방지하도록 조치.

6) 하역용 호스의 연결 시에 파이프 내에 기름이 체류하고 있으면 맹판을 뜯어낼 때 기름이 분출되므로 주의 깊게 서서히 열도록 함.

7) 하역용 고무호스를 사용하는 경우는 호스가 구부러지는 것에 특히 주의하고, 크레인과 밴드를 이용하여 규정된 허용 범위를 넘지 않도록 할 것.

(3) 펌프룸 파이프라인(〈그림 3-20〉 참조)

1) 펌프룸에 기름이 새는 곳은 없는가? 가스가 있지는 않은가?

2) 펌프룸 내의 각 파이프라인에 부식, 균열은 없는가? 연결부의 패킹은 양호하며 볼트가 파손되지 않았는가?

3) Seachest 밸브 및 접속하는 중간 밸브는 이상 없이 완전히 폐쇄되어 있는가? 카고 라인(펌프룸 및 밸러스트 라인 포함)의 모든 밸브의 폐쇄를 확인해야 한다. 특히 펌프룸의 Seachest 밸브와 중간 밸브 및 선 외 배출 밸브(overboard valve)의 폐쇄를 확실히 하기 위해 "안전 규칙"에서 "고박"을 강제하고 있는 때도 있다.

4) 스트레이너의 드레인 밸브 또는 콕크는 완전하게 닫혀 있는가? 필터에 잘못은 없는가? 전 항차의 잔유, 밸러스트 잔수는 없는가?

5) 펌프의 작동은 양호한가? 오일-실 패킹은 적절한 것은 사용하고 있는가? 펌프 운전 중에 누유할 염려는 없는가?

6) 파이프 라인에 필요한 표시가 되어 있는가?

7) 펌프룸의 바닥에 체류하는 가스를 배출할 수 있는 가스 배출 환기 장치는 양호하게 작동하는가? 가스 배출 환기 장치의 구동축이 기관실 격벽을 관통하고 있는 때에 관통부가 완전히 기밀되어 있는가?

(4) 하역 용구

1) 하역용 호스는 내유성이 있고 내압이 충분한가? 전도성이 있는가? 호스의 내압은 $10kgf/cm^2$ 이상을 필요로 하는 곳이 있는가? 이 경우에는 그 압력에 견디는 호스가 있는가?

2) 하역용 호스를 위한 로프 등은 충분한 강도가 있고, 이상은 없는가?

3) 하역작업에 사용하는 공구류는 비철금속제의 안전공구인가?

(5) 사고방지용구

1) 각종 안전 보호구는 필요량이 유효하고 청결하게 준비되어 있는가?

2) 고정식 소화 기구는 정비되어 있는가, 휴대용 소화기는 필요한 종류에 따른 수량이 있는가?

3) 각종 금지표시와 안전 표지는 되어 있는가?

4) 다음 용구를 정비하여 준비하고 있는가?

① 가스검지기는 1년 이내에 검사를 받고 있는가?

② 송풍식 호스 마스크 또는 공기 호흡구 등을 보유하고 있으며, 완전히 정비되어 있는가?

③ 자동 가스 경보장치가 있는 경우는 장치가 확실히 작동하는가?

(6) 기관실

1) 주기, 보기류, 보일러의 정비는 완전한가? 접안 중에는 비상시 즉시 운항 가능한 상태를 유지하고 있는가?

2) 연료유관에 누유 개소는 없는가? 연결부가 느슨하게 되어 기름이 새거나 기관 운전으로 인한 진동으로 균열 절단의 위험은 없는가?

3) 빌지는 처리되어 있는가?

4) 배전반에 이상은 없는가? 접지 램프는 정상인가? 배전반 뒤쪽에 타기 쉬운 물질을 놓아두지 않았는가?

5) 발전기에 누전 개소는 없는가? 본체와 베드가 접지되어 있는가?

6) 기관 소음기, 배기관에 이상과열이 없는가? 그 위쪽에 연료유가 새거나 기름이 날리는 것은 없는가?

7) 배기관에 그을음 제거용 살수장치나 철망 등이 양호하게 장치되어 있는가?

8) 유수분리기는 양호하게 작동하는가?

9) 펌프룸과의 격벽 구동축 관통부, 격벽에 균열 등을 발생시키고, 기관실에 누유되고 가스가 샐 수 있는 곳은 없는가?

10) 화재탐지장치가 설치되어 있는 경우는 확실히 작동하는가?

(7) 누유 사고 방지

1) 갑판상에 유출되는 기름이 해상에 유출되지 않도록 설치해 놓은 방유판이 무너지거나 파손되어 효과를 낼 수 없는 곳은 없는가?

2) 갑판의 스커퍼(scupper)는 모두 폐쇄되어 있는가?

3) 슬롭탱크 부근에 잠수펌프는 설치되어 있는가?

4) 다음 장비가 준비되어 있는가?

① 오일펜스가 선박길이의 1.5배 이상 준비되어 있는가?

② 유출유 처리용으로써 유처리제 및 유흡착제가 준비되어 있는가?

③ 기타 기재로서 분무기, 톱밥, 걸레 등이 적당량 준비되어 있는가?

3.6.2. 유조선의 배관

〈그림 3-21〉은 탱크 내부, pump room 및 갑판상 화물 및 스트리핑 라인을 보여주고 있으며, 〈그림 3-22〉는 밸러스트 라인을 보여주고 있다. 탱커선에 승선하는 승무원들은 원활한 하역 작업을 위해 기본적으로 본선의 파이프라인 배치와 밸브의 위치 및 이름에 대해서 숙지하고 있어야 한다.

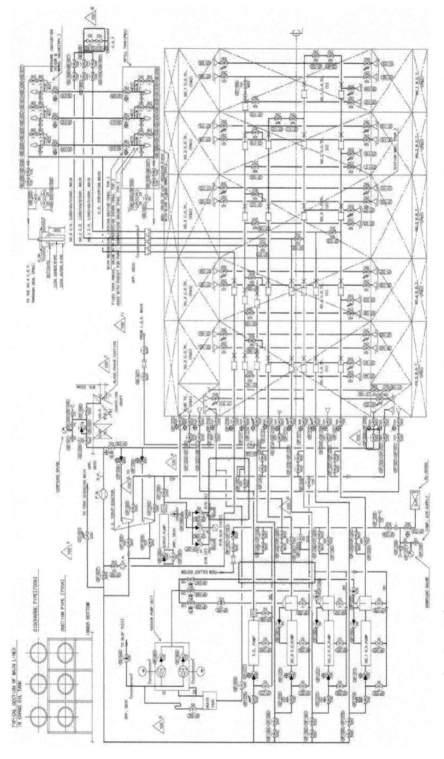

〈그림 3-19〉 Piping Diagram of Cargo Oil System "0_1_Piping Diagram of Cargo Oil System.JPG"

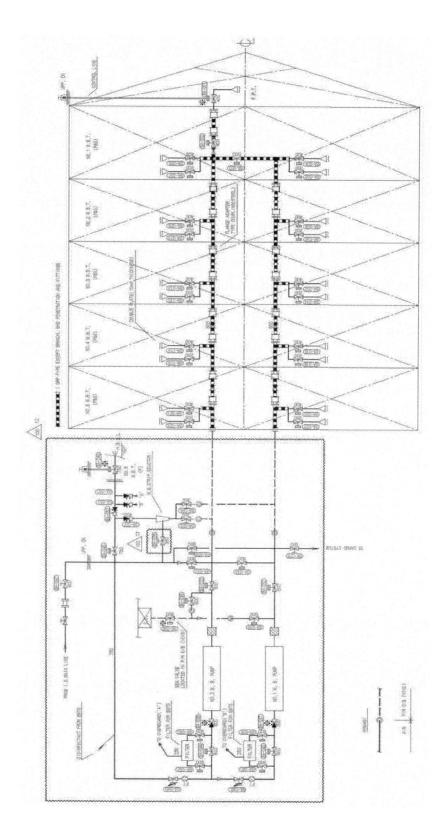

〈그림 3-20〉 Piping Diagram of Water Ballast System "0_2_Piping Diagram of Water Ballast System.JPG"

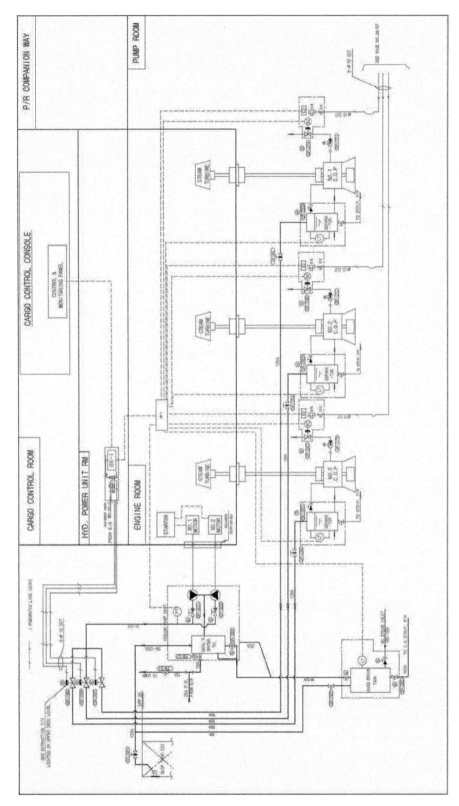

〈그림 3-21〉 Automatic Vacuum Stripping System 0_14_Automatic Vacuum Stripping System.JPG

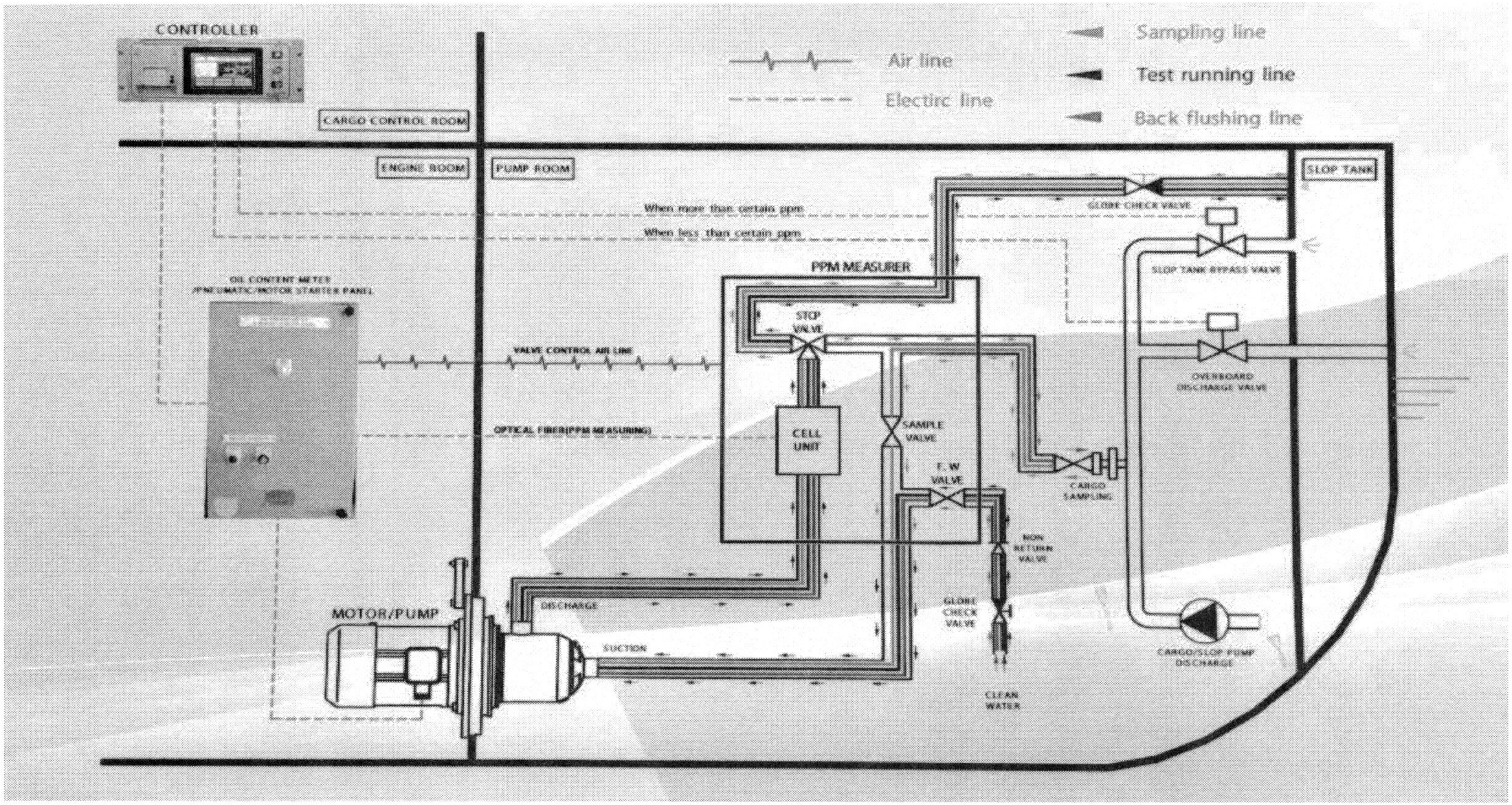

〈그림 3-22〉 Oil Discharge Monitoring Equipment

3.6.4. 적양하항의 부두 접안 시 일반적인 주의

(1) 적양하항의 부두로 향할 때의 조치

목적지에 입항하여 하역장소로 향하면서 선장은 안전한 하역을 수행하기 위해 하역책임자를 정한다. 하역책임자는 작업원을 배치하고 다음 사항 등의 실행을 확인한다.

1) 레이더, 무선전신 등의 사용을 금지하는 일(무선전신설비 사용상의 주의사항을 표시할 것).
2) 안전 규칙에 따라 소정의 전원을 절단하는 일.
3) 하역상, 보안상 필요한 경우를 제외하고 주기, 보기를 정지하는 일.
4) 주기 등의 개방 수리를 행하지 않는 일.
5) 하역 작업 이외의 작업, 주기, 보기의 사용, 흡연 허가 또는 취사실의 화기 사용에서는 사전에 육상 측의 책임자와 협의를 하는 일.

(2) 하역 시작을 위한 연락, 협의, 확인

1) 적하 서류의 확인과 송유량 등의 협의

적하의 경우 적하 계획서, 양하의 경우는 송장을 육상측에 제출하고 이것을 자선과 육상측에서 서로 확인한다. 하역순서, 송유의 유속 또는 압력, 특히 처음 시작할 때와 끝날 때의 송유량에 대해서 확실히 협의하고 품명을 확인한다.

(3) 탱크 등의 점검

화물을 적하하는 경우 적하지에서 정하고 있는 "안전 규칙"에 의해 화물 탱크 내의 산소농도 및 밸러스트탱크내의 기름유무 검사를 육상 측과 본선 책임자가 입회하여 행한다.

화물을 양하하는 경우는 탱크 각 개구부의 봉인 검사와 이를 뜯는 작업은 육상 측과 본선 측 책임자 입회하에 행한다. 검사가 종료할 때까지 오일리드, 디프 홀, 측심관 등의 개구부를 열어서도 안 된다. 개폐는 선장 또는 선장이 지정하는 자가 입회하여 행해야 한다. 더욱이 육상 측과 본선 책임자 입회하에 샘플을 채취하는 경우 외에 화물량, 온도,

비중 검사를 하고, 화물에 이상이 없는 것이 확인된 다음 양하를 시작한다.

3.6.5. 불활성가스

IGS는 Cargo Tank 내에 Inert Gas(불활성 가스)를 공급하여 Tank 내의 산소 농도를 낮추어 불연성 범위로 만들어 폭발을 방지하기 위한 장치이다. 이때 사용되는 Inert Gas로는 Boiler의 배기가스를 사용하는데, 이 배기가스는 〈표 3-1〉과 같이 고온이다. 유황 성분, 그을음 등의 불순물을 포함하고 있으므로 이를 탈황, 탈진, 냉각, 제습하여 양질의 불활성 가스로 만들어 Blower를 이용하여 Cargo Tank 내에 주입한다.

불활성 가스의 종류에는 순수한 N2, CO2 및 탄산가스와 같은 것도 있지만, 이러한 방법들은 경제성 면에서 볼 때 비용이 많이 들기 때문에 원유선에서는 사용하지 않는다. 대신 본선의 보일러에서 내오는 배기가스를 불활성가스로 사용하는데, 이러한 방식을 Flue Gas 시스템이라고 한다. 그리고 이 방법 외에도 I.G.G(Inert Gas Generator)를 사용하여 산소농도가 아주 낮은 불활성 가스를 만드는 방법도 있다.

	Flue Gas	Inert Gas
Temperature	300~400°C	Sea Water Temp. +5°C
Oxygen	2~5%	2~5%
Carbonic Acid Gas	13~15%	13~15%
Sulphur	0.3%	0.03%
Particles	250Mg/m3(Max)	8Mg/m3(Max), 95% of Elimination
Nitrogen	Balance	Balance

〈표 3-1〉 Inert Gas의 구성

3.6.6. 적하 작업

적·양하 작업 및 제품유 취급 시의 주의사항은 다음과 같다.

(1) 화물에 따른 적하 작업 시의 주의

원유, 나프타, 가솔린, 항공 연료, 등유, 경유 등 인화점이 60℃ 이하의 기름을 선적할 때에는 정전기 사고를 방지하기 위해 다음의 사항에 주의한다.

1) 드롭라인의 관 끝이 적하는 기름으로 완전히 찰 때까지 저속으로 선적할 것.

2) 적하 시작 전의 저속 하역은 적입 예정인 모든 탱크에 동시에 분산할 것.

3) 오일리드 등으로부터 호스를 부딪치거나 떨어뜨리는 작업은 절대로 하지 말 것.

4) 이상의 주의를 가지고 안전이 확인되었을 때부터 통상 상태의 유속으로 적하 작업을 계속함.

5) 적·양하 시 모두 대기 습도가 60% 이하로 되면, 인체에 축적된 정전기가 대기 중으로 방전되어 도체와 접촉하면 스파크를 발생시키는 일이 있으므로 정전기 사고 방지에 주의할 것. 또한 불필요한 작업복 등을 벗을 때도 스파크를 생기게 할 우려가 있으므로 주의할 것.

(2) 토핑 오프(topping off)

1) 모든 탱크의 밸브를 열고 동시에 얼리지 3-4m까지 적재하다가 적하율(loading rate)을 낮춘 다음 1-2 탱크씩 Topping off 한다.

2) 갑판에 필요한 충분한 인원을 배치한다.

3) Topping Off할 탱크는 양현 탱크, 선수미쪽 중앙 탱크, 선체 중앙 부근의 탱크 순으로 하는 것이 좋다.

4) 적하하는 탱크의 숫자가 적어지면 미리 적하율을 낮춘다.

5) Topping Off시에는 Over flow하지 않도록 특히 유의하고, 필요하면 즉시 적하 작업을 중지할 수 있도록 준비한다.

6) 본선의 밸브는 육상 측에서 펌프가 중지되고 밸브를 잠가도 좋다는 통지를 받은 후 닫는다.

화물을 선적할 때 선적 순서는 우선 Wing Tank를 먼저 선적하고, 이를 뒤/앞을 번갈아 가며 선적을 완료하여 과도한 Trim이 생기지 않도록 한다. Wing Tank의 선적이 완료되면 Center Tank의 선적으로 뒤/앞을 번갈아 가며 선적을 완료해야 적하도중 과도한 응력이 선박이 미치지 않고 안전하게 선적을 완료할 수 있다.

(3) 적하 작업 중 주의사항

1) 배를 경사 시키지 말아야 하며, 누유의 원인이 되는 이외에 계류삭 절단의 위험이 있다.

2) 선외로의 누유(밸브의 조작 잘못, 오인, 불완전 폐쇄, 선체의 손상)와 흘수변화에 따른 계류삭의 팽창 또는 느슨함에 주의하고, 특히 부근에 대형선(예인선 포함)이 지나갈 때는 경계할 것. 또한 자선 가까운 장소에서 혹은 양하하는 장소에 타선이 접·이안할 때는 특히 엄중한 경계가 필요하다.

3) 적하 작업 중 긴급사태가 발생할 때는 즉시 육상 측에 연락하고 적하 중지를 요청한다. 육상 측의 펌프가 중지되면 본선 측의 매니폴드 밸브를 폐쇄한다. 긴급 시에는 본선 측의 밸브를 폐쇄하거나 긴급 송유정지 버튼을 조작해도 좋은가를 미리 육상 측과 협의한다.

4) 1~2시간 정도의 간격으로 펌프룸에 내려가 빌지의 상황 등 이상 유무를 확인하도록 한다.

5) 탱크를 바꿀 때는 충분한 시간적 여유를 두고 작업원을 배치하고, 하나의 탱크로의 유입량을 줄여갈 때는 다른 탱크에서의 유입량이 확실히 증가하고 있는 것을 확인할 것.

6) 하역과 병행하면서 선수 탱크, 이중저 탱크 등에 밸러스트를 채우고 배수하는 경우는 안전 규칙을 준수하고, 하역배치에 지장을 주지 않도록 할 것.

7) 하역 중 사용하지 않는 밸브는 고박(lashing)하고 씨-체스트(sea chest), 오버 보드(overboard) 밸브는 봉인한다.

(4) 제품유 적하 시의 주의

전항의 적하 종류에 따라서는 양하 후의 탱크나 카고라인의 상황에 의해 적하의 종류가 제한되거나 탱크에 히팅라인의 설비가 없으면 안 되는 경우도 있다. 특히 제품유를 선적할 때 화물유의 혼합방지에 주의해야 한다. 본선의 장비와 구조가 화물유의 혼합 (cargo contamination)을 방지할 수 있어야 적재할 수 있으며, 고품질의 제품유는 완전하게 라인을 분리하거나 아니면 독립된 라인을 사용해야 한다.

각 제품 유별 취급상 주의사항은 다음과 같다.

1) 가솔린류 : 전항에 원유, 중유 등을 적재한 후에는 싣지 않는다. 윤활유, 경유, 등유를 적재한 후에는 탱크 세정을 한다. 양하의 경우 공기 주입은 1회 정도 한다.

2) 나프타류 : 가솔린, 제트연료유를 적재한 후에는 가스 성분이 없을 것과 납성분이 제거되어야 한다. 등유, 경유류 후에는 잔유물이 없을 것이 요구된다. 원유, 중유류를 적재한 후에는 싣지 않는다. 양하의 경우, 공기 주입은 1회 정도의 최소한으로 한다.

3) 제트 연료유 : 등유를 적재한 후에는 좋으나 잔유물이 없을 것, 수분이 없을 것. 타프타, 가솔린, 경유류의 적재 후에도 청소가 행해져야 한다. 원유, 중유류 등의 후에는 싣지 않는다.

4) 등유류 : 나프타, 가솔린, 제트연료의 적재 후에는 가스 성분이 없어야 한다. 원유, 중유류 등의 적재 후에는 싣지 않는다.

5) 경유류 : 나프타, 가솔린, 제트연료의 적재 후에는 가스 성분이 없어야 하고, 등유 적재 후에는 잔유물이 없으면 좋다. 원유, 중유류 등의 적재 후에는 싣지 않는다.

6) 원유류 : 중유류 등의 적재 후에는 잔유물이 없으면 좋다. 양하의 경우 공기주입은 1회 정도로 최소한으로 한다.

7) 중유류 : 원유를 적재한 후에는 완전한 가스프리를 행한 후가 아니면 싣지 않는다. 중유 등의 적재 후에는 A중유를 적재할 시는 품질 유지상 탱크 청소를 할 필요가 있는 예도 있다. C중유의 경우는 히팅라인의 설비가 필요하다.

8) 윤활유류 : 윤활유류는 적하 전에 충분한 스팀을 행한다. 청소를 완전히 하고, 탱크 벽에 이질 유분과 수분이 남아 있지 않도록 한다. 카고라인, 펌프, 스트레이너와 밸브 내에도 완전히 수분을 제거하고 적당량의 동질유를 가지고 파이프라인 내부를 순환시킨 다음 적하한다. 밸브 내의 극히 미세한 수분 제거에도 세심한 점검정비가 필요하다.

3.6.7. 적하 계획 및 화물량의 계산

적하할 수 있는 화물량은 탱크 용적과 중량으로부터 제약을 받는다. 화주의 지시에 대하여 자선의 탱크 용적이 충분한가를 먼저 고려해야 한다. 이를 위해서는 화물의 성질과 형태, 비중, 온도 등을 적하 협의 시에 확인해야 한다. 그 비중, 온도에 있어서 용적 환산계수를 구하여 화물량을 계산하고, 탱크별 적하순서와 안전한 적입량을 결정하고, 탱크의 얼리지, 적하순서 등을 작업원에게 주지시킨다. 적하의 구체적 계획에 따라 육상측과 충분한 협의를 한다.

실제 적하 종료 때 화물의 비중, 온도가 협의 때와 크게 다를 때에는 용적 부족으로 인한 기름 넘침, 또는 만재흘수선을 초과하거나 계획된 흘수나 트림을 유지 못하게 된다. 그러므로 전체 화물량을 다시 조정해야 한다.

Voyage instruction에 따라 화물 적하 계획을 작성하게 되는데, 예를 들면 〈그림 3-24〉와 같으며, 이를 〈표 3-2〉에 정리하였다. 이 선박의 경우 FUYAYRAH에서 벙커를 보급받고, 아랍에미리트(U.A.E)의 JEBEL DHANNA항에서 MURBAN Crude, KUWAIT의 MINA AL AHMADI항에서 K.E.C.O(Kuwait Export Crude Oil), IRAN의 KHRGE ISLAND항에서 I.H.C.O(Iranian Heavy Curde Oil)을 선적 후 Singapore Strait를 거쳐 양하항인 한국의 DAESAN항으로 향할 예정이다. 항구별로 화물을 선적하며, 밸러스트 수를 배출하여 선박의 균형을 계획임을 확인할 수 있다.

	Port	Cargo Tank	Ballast Tank	Displacement	Draft(F/A)
1D	JEBEL DH	65,475톤 선적 (2P, 2S, 4P, 4S, SP, SS)	85,411톤 →31,807톤	132,513톤 →144,348톤	7.9m/10.7m →9.5m/10.5m
2D	MINA A.A	74,865.7톤 선적 (1C, 3P, 3S, 5P, 5S)	31,807톤 →15,190톤	144,283톤 →202,518톤	9.5m/10.5m →13.65m/13.65m
3D	KHARG IS.	123,191.6톤 선적 (1P, 1S, 2~5C)	15,190톤 →0톤	202,470톤 →310,438톤	13.65m/13.65m →20.09m/20.43m
4D	Singapore Passing		통과후 560톤	309,453톤	20.22m/20.22m
5D	DAESAN		560→	309,353톤	20.21m/20.21m

〈표 3-2〉 Stowage Plan에 따른 선적항 별 화물량, 밸러스트량 및 배수량의 변화

VOY. OOO STOWAGE PLAN

- CARGO(ES) -

Tank	Cargo		Tank	Cargo	
5P	MURBAN	2.65M 91.50%	5P	K.E.C.O	3.85M 89.00%
5C	I/H C.O	3.70M 90.10%			
4P	MURBAN	2.50M 94.60%	4C	I/H C.O	4.00M 89.10%
3P	K.E.C.O	3.00M 92.80%	3C	I/H C.O	4.00M 89.00%
2P	MURBAN	2.45M 94.80%	2C	I/H C.O	5.00M 86.00%
1P	I/H C.O	5.10M 84.60%	1C	K.E.C.O	3.00M 92.70%
5S	MURBAN	2.65M 93.50%	5S	K.E.C.O	3.85M 89.00%
3S	K.E.C.O	3.00M 92.80%			
2S	MURBAN	2.45M 94.80%	1S	I/H C.O	5.10M 84.60%
4S	MURBAN	2.50M 94.60%			

- BALLAST OPERATIONS -

Tank	1D	2D	3D	4D	5D
5P WBT	11 M	NIL	NIL	NIL	
4P WBT	30 M	NIL	NIL	NIL	
3P WBT	30 M	18 M	NIL	NIL	
2P WBT	30 M	NIL	NIL	NIL	
1P WBT	30 M	30 M	26.5 M	NIL	
5S WBT	11 M	NIL	NIL	NIL	
4S WBT	30 M	NIL	NIL	NIL	
3S WBT	30 M	18 M	NIL	NIL	
2S WBT	30 M	NIL	NIL	NIL	
1S WBT	30 M	30 M	26.5 M	NIL	
FPT	NIL	NIL	NIL	NIL	NIL
APT	NIL	NIL	NIL	NIL	7.45 M

Cargo / Voyage Table

	CARGO GRADE	PORT	API / TEMP	VCF / WCF(MT)	N/BBLS	G/BBLS	M/T	MAX RATE OF LOADING	DISP. (ARR/DEPT)	BALLAST QTY	ARR. DRAFT	DEPT. DRAFT	DEPT. COND	LAY-CAN	REMARKS
1		FUJAYRAH BUNKERING : 3,000 M/T			BALLAST 5W 11M까지 배출				134590 / 132608	90393 / 85411	7.91 / 10.98	7.9 / 10.7	SF-64 / BM-61		
2	MURBAN	JEBEL DH U.A.E	39.9 / 115	0.9722 / 0.13095	500,000	514,297	65,475.3	75,000	132513 / 144348	85411 / 31807	7.9 / 10.7	9.5 / 10.5	SF-75 / BM-70	08/05	0 % TOL
3	K.E.C.O	MINA.A.A KUWAIT	30.4 / 112	0.97658 / 0.13864	540,000	552,950	74,865.7	75,000	144283 / 202518	31807 / 15190	9.5 / 10.5	13.65 / 13.65	SF-47 / BM-61		0 % TOL
3	I/H C.O	KHARG IS. IRAN	29.5 / 100	0.98815 / 0.13942	883,600	894,196	123,191.6	75,000	202470 / 310438	15190 / NIL	13.65 / 13.65	20.09 / 20.43	SF-52 / BM-55		-1.8% TOL
4	SINGAPORE PASS				SINGAPORE 통과후 A.P.T 7.45M 주입				309453	NIL	20.22	20.22	SF-56 / BM-58		SAG. 예상량 7.5CM
5	DISCH.	DAESAN KOREA							309353	560	20.21	20.21	SF-57 / BM-57		
	TOTAL				1,923,600	1,961,443	263,532.6								

* 당직표

TIME	OFF.	DECK CREW
00:00-04:00	C/O, 3/O	당직타수-OS 박
04:00-08:00	C/O, 2/O	당직타수-OS 리
08:00-1200	C/O, 1/O	당직타수-AB 김

** 적하중 주의사항
1. BALLAST 배출 초기 및 최종 단계에서 수면 유유출 감지 철저
2. ULL 10M에서 MMC도 ULL 및 온도 계측 하여 COC와 비교
3. 매시간 LOADING RATE 및 CONDITION CHECK
4. MANIFOLD 및 MOORING LINE 감시 철저
5. TOPPING 1시간전 ALL S/B

3/O : _____   2/O : _____

1/O : _____   C/O : _____

CAPT. : _____

〈그림 3-23〉 300K 오일 탱커의 Stowage Plan

(1) 계산 시에 사용되는 표

1) 석유류 환산표(petroleum measurement tables)

이 표는 American Petroleum Institute, American Society for Testing and Materials 및 영국의 The Institute of Petroleum에서 1946년 공동으로 작성한 것으로, 현재는 1979년 개정판이 석유류의 계산에 사용되고 있다.

① 석유류는 용량이 온도에 따라 변화하므로 일정한 온도에서의 용량으로 표시하든가, 중량을 이용해야 한다.

② API비중 (60℉ 기준)은 1921년 12월 American Petroleum Institute가 발표한 비중의 표시법으로 그 약자를 따서 API라고 칭한다. 비중 측정 때에 비중계의 눈금을 읽기 쉽게 하려고 만들어진 것으로 비중의 한 표시 방법이다. API와 비중 60°/60 °F 사이에 다음의 관계가 있다.

$$API = \frac{141.5}{S.G. \ 60°/60°F} - 131.5$$

2) 탱크별 용적표(Cargo Oil Tank Calibration Table 또는 Ullage Table)

각 화물 탱크별로 해당 얼리지(ullage)에서의 용적을 나타낸 표이다.

(2) 계산 방법

화물량 계산을 위해서는 다음 Volume의 개념을 이해해야 한다.

Volume		의미
T.O.V	Total Observed Volume	관측온도에서 S & W와 Free Water를 포함한 모든 체적
G.O.V	Gross Observed Volume	T.O.V에서 Free Water를 제외한 체적
N.O.V	Net Observed Volume	G.O.V에서 S & W를 제외한 체적
G.S.V	Gross Standard Volume	G.O.V의 표준온도(60°F or 15°C)의 체적
N.S.V	Net Standard Volume	N.O.V의 표준온도(60°F or 15°C)에서의 체적
T.C.V	Total Calculated Volume	G.S.V에 관측온도에서의 Free Water의 체적을 더한 체적
S & W	Sediment & Water	원유에 포함되어 있는 찌꺼기. %로 표시

〈표 3-3〉 Volume에 대한 개념

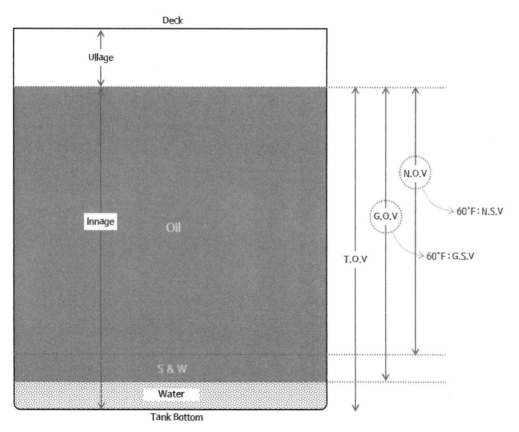

〈그림 3-24〉 화물량 계산을 위한 Volume의 개념도

1) 선적 전 O.B.Q[19]를 구한다.

2) 측정된 Ullage로 Tank Calibration Table을 이용하여 탱크별 화물의 용적을 구한다. : T.O.V [G/Bbls]

3) 측정된 물(water)의 Innage로 물의 양을 구한다.

4) T.O.V에서 물의 양(Volume)을 제한다. : G.O.V [G/Bbls]

5) 측정 온도에서의 G.O.V를 석유류 환산표(P-M Table) 6A[20]의 계수 V.C.F[21]를 곱하여 60°F에 대한 용적으로 환산한다. : G.S.V [N/B]

6) G.S.V에서 O.B.Q와 Line Volume을 제한다. : G.S.V [N/B]

7) 6)의 G.S.V에서 P-M Table 13[22]의 계수 W.C.F[23]를 곱하면 Metric Ton으로 환산된다.

※ 위 계산과정은 〈그림 3-25〉, 〈그림 3-26〉을 같이 참고할 것

---

19) O.B.Q : On Board Quantity.
20) Petroleum Measurement Table 6A. Generalized Crude Oils Correction of Volume to 60°F against API Gravity at 60°F.
21) V.C.F : Volume Correction Factor.
22) Petroleum Measurement Table 6A. Metric Tons per 1000 US Gallons at 60°F and per Barrel at 60°F against API Gravity at 60°F.
23) W.C.F : Weight Correction Factor.

M/T				**ULLAGE REPORT**					DATE		
VOY.NO.									CHIEF OFFICER		INSPECTOR
PORT	KHARG ISLAND			I/H C.O							
BERTH	SEA ISLAND NO.15										

TANK NO.	CARGO	ULLAGE(M) OBS.	ULLAGE(M) CORR.	VOLUME (TOV)	FREE WATER DIP	FREE WATER VOL.	VOLUME (GOV)	TEMP (°F)	API	V.C.F (T-6A)	VOLUME (GSV)	O.B.Q
1O												
2O												
3O	I/H C.O	6.23	6.23	122734.0	NIL	0	122734.0	72.0	60.50	0.9946	122071.2	98.5
4O												
5O												
6O												
7O												
SUB.TTL				122734.0		0	122734.0				122071.2	99
1P	I/H C.O	2.98	2.98	108224.0	NIL	0	108224.0	71.8	60.50	0.9946	107669.6	55
1S	I/H C.O	3.00	3.00	108186.0	NIL	0	108186.0	71.8	60.50	0.9946	107601.8	56.5
5P	I/H C.O	2.99	2.99	138962.0	NIL	0	138962.0	71.8	60.50	0.9946	138211.8	220
5S	I/H C.O	3.12	3.12	138409.0	NIL	0	138409.0	71.8	60.50	0.9946	137661.8	485
6P	I/H C.O	3.02	3.02	114700.0	NIL	0	114700.0	71.8	60.50	0.9946	114080.6	28
6S	I/H C.O	3.03	3.03	114661.0	NIL	0	114661.0	71.8	60.50	0.9946	114084.9	17
8P	I/H C.O	6.00	6.00	27968.0	NIL	0	27968.0	72.1	60.50	0.9946	27802.1	NIL
8S	I/H C.O	5.99	5.99	27965.0	NIL	0	27965.0	72.0	60.50	0.9946	27814.0	NIL
LINE VOL				-191.0			-191.0	71.8	60.50	0.9946	-190.0	
SUB.TTL				778689.0		0	778689.0				774656.2	899.5
G/TTL				901578.0		0	901578.0				896727.4	998

T.O.V:	901578.0 BBLS	API/AV.TEMP :	60.50 / 71.8	ARR.DRAFT	FWD :	15.30 M	
WATER:	0.0 BBLS	MT/LT FACTOR :	0.15856 / 0.15867	(DEP.)	AFT :	15.30 M	
G.O.V:	901578.0 BBLS				TRIM:	0 M	
G.S.V:	896727.4 BBLS AT 60F 124250.8 MT	122286.7 LT					
O.B.Q:	998.0 BBLS						
G.S.V:	895789.4 BBLS AT 60F 124120.6 MT	122156.8 LT					
(LOADED)							

REMARKS:

〈그림 3-25〉 Ullage Report

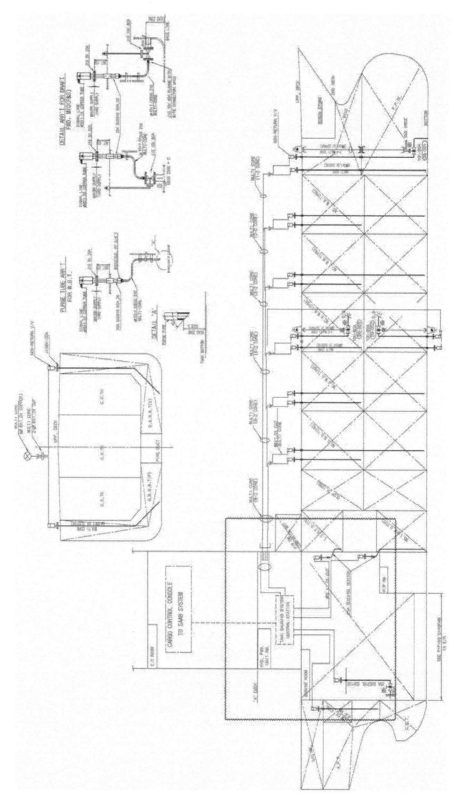

〈그림 3-26〉 Tank Level and Draft Gauge System 0_18_Tank Level and Draft Gauge System.JPG

3.6.7. 양하 작업

하역 시작과 하역 중의 특별한 주의 사항은 다음과 같다.

(1) 밸브의 개폐

펌프룸을 포함하여 카고라인의 모든 밸브는 항상 정확하게 개폐하지 않으면 안 된다. 작업계획에 기초하여 순서대로 필요한 밸브부터 개방한다. 또한 공기관의 브리더 밸브에 레버가 있는 것은 "열림"으로 해야 한다. 하역 책임자는 각각의 밸브가 올바르게 폐쇄 또는 개방되어 있는가를 확인한다. 밸브를 완전히 열 때는 핸들이 완전히 열린 위치에 달린 후 약 반 바퀴 정도 되돌려 놓는다.

(2) 하역의 시작

1) 적하의 경우는 육상 측 책임자와 적하 준비 완료를 연락하고, 상호에게 하역작업 시작을 확인한 다음, 육상 측 관계자가 필요한 곳의 밸브를 개방하여 적하를 시작 한다.

2) 양하의 경우도 이처럼 본선 측과 육상 측 책임자가 상호 간에 하역시작을 확인하 고, 타이밍에 충분한 주의를 하면서 밸브를 개방해야 한다. 타이밍이 빠르면 육상 측의 기름이 선 측으로 역류하여 넘치는 원인이 되거나, 너무 늦으면 본선 측의 밸 브가 펌프압력에 파손되어 누유 사고의 원인이 된다. 하역의 시작에 앞서 전 승조 원에게 하역 시작을 철저하게 주지시키고, 육상 측 하역관계자와도 긴밀히 연락을 취해야 한다. 하역은 선장 또는 하역 책임자가 입회하여 행해야 한다.

하역 시작의 초기 유속은 저속으로 행하고, 정상적으로 하역이 행해지고 있는가에 대 하여 육상 측의 협력을 구하고 다음 사항을 확인한다.

- 본선 측 또는 육상 측의 목적한 탱크로 이상 없이 송유되고 있는가?
- 하역용 호스 외에 송유계통의 파이프, 밸브 및 연결부에서 기름의 누출이 없는가?
- 탱크의 부식 또는 균열 때문에 흘수선하 또는 외판으로부터 기름이 새어 수면으로 부상되지 않는가? 이를 확인하기 위하여 선체주위의 수면을 점검할 것.
- 펌프룸의 선 외 배출 밸브 폐쇄는 확실한가?
- 펌프룸의 각 부에 이상이 없는가를 펌프룸에 내려가 확인할 것.
- 사용 중인 펌프에는 이상이 없는가? 이상 음이나 이상 고온이 발생하지 않는지 확인해야 함.

(3) 작업원의 배치

하역 책임자는 육상 측과 제반 사항에 관한 협의를 끝내면 본선 작업원에게 작업계획을 설명하고, 각자 소정의 장소에 배치한다. 작업원은 각각 정하여진 장소에 위치하여 각자의 담당 부서에서 이상 없이 하역작업이 행해지고 있는 것을 확인하고, 위험한 생각이 들 때는 즉시 관계자에게 보고하는 한편, 즉시 하역을 중지하는 등 필요한 조치를 한다.

(4) 하역 시작의 선내주지

하역 작업을 시작하면 이를 선내 모든 승조원에게 선내방송을 통하여 주지시켜 거주구역의 출입 시 외부로부터 가스가 선실로 침투하지 않도록 주의하도록 한다.

(5) 하역을 중지해야 할 때

다음의 경우는 사고 발생의 우려가 있으므로 하역하지 말아야 한다. 또한 하역 중에 발생하면 하역을 중지하고 탱크의 개구부를 폐쇄하도록 한다.

1) 본선 가까이 천둥, 번개가 심할 때

2) 갑판상에 불똥이 떨어지거나 본선 부근에 화재가 발생할 때

3) 황천으로 선체의 동요가 격심하여 로딩암 등을 정상적인 상태로 유지할 수 없을 때

4) 다른 선박이 자선에 계류 중일 때

5) 부근 통항 중인 선박에 의해 발생한 파랑으로 인한 위험이 예측될 때

6) 갑판상에 기름이 누출되거나 선체 주위에 기름이 유출될 때

(6) 긴급 송유 정지 버튼

긴급 송유 정지 버튼이 설치되어 있는 장소와 조작 방법은 사전에 하역 관계자 모두에게 주지시켜 두어 비상시에 적절히 사용할 수 있도록 해야 한다. 긴급 정지 버튼은 매니폴드 주위, 펌프룸 입구 및 바닥에 설치되어 있다.

(7) 양하 작업 시의 주의

양하의 경우는 적하 때와는 달리 자선의 펌프를 작동하여 양하 하므로, 양하 중인 탱크로부터 가스가 넘쳐 나오거나 공기를 흡입하는 일이 없는가를 확인해야 한다. 양하 초기에서는 육상 책임자가 지시하는 압력에 따라 저속으로 행하고 안전이 확인되면 육상 측과 합의한 소정의 압력으로 양하를 하며, 다음 사항에 주의해야 한다.

1) 양하 시작 때 밸브를 잘못 개폐하면 양하 예정 탱크의 기름이 다른 만재 탱크로 들어가서 기름이 넘쳐흐르기도 하고, 또는 탱크 뚜껑이 폐쇄되어 있을 때 공기관으로부터 분유한 기름이 다른 기름탱크로 들어가 대량의 혼유를 발생케 한 사고 예가 있으므로 주의할 것.

2) 압력이 비정상적으로 상승하는 경우는 펌프를 정지하고, 카고라인에 고장이 없는가를 펌프의 안전변이 작동하고 있는가를 점검할 것.

3) 육상 측에서 육상의 탱크 변환 직전, 변환하는 밸브가 열리기 전에 양하 중인 밸브를 폐쇄하게 되는 잘못이 일어나는 일도 있으므로 주의할 것.

4) 양하를 위해 자선의 호스 또는 육상측의 로딩암(또는 호스)은 연결한 후 적절히 압력점검을 하고 이상이 없을 때 양하 작업을 시행할 것.

5) 적하 및 양하 작업 중 육상 측의 밸브류 기타의 시설은 육상 측 책임자로부터 특별한 지시가 없는 한 손대거나 조작하지 말 것.

VOY. OOO COW / DISCHARGING PLAN

" M/T   " VOY NO :

DISCHARGIN PORT :   ETA:

Tank Layout

SP	5P	4P	3P	2P	1P
SIRRI	SIRRI	SIRRI	I/H	SIRRI	I/H
	5C	4C	3C	2C	1C
	I/H	SIRRI	I/H	I/H	SIRRI
SS	5S	4S	3S	2S	1S
SIRRI	I/H	SIRRI	I/H	SIRRI	I/H

CARGO Q'TY

GRADE	API	SHIP'S FIG.	B/L FIG.	M/T	L/T
SIRRI C.O	33.60	810,665 N/E	825,239 C/E 809,245 N/E	110,210	108,475
I/H C.O	29.40	1,117,568 N/E	1,136,619 G/B 1,115,754 N/E	155,912	153,442

	BALLAST	DISPLACEMENT
ARR	526 M/T	312,134 M/T
DEP	90394 M/T	135,473 M/T

A. DRAFT	F: 20.37	A: 20.37
D. DRAFT	F: 7.80	A: 11.30

DISCH. RATE : 45,000 G/BBLS

COW TANKS
2C 3C 4C 5C 1P 1S 3P
3S 4P 4S 5P 5S SP

	M/T	L/T		M/T FACTOR
COP	110,210	108,475	5,000m³ x 3	0.13595
BWP	155,912	153,442	3,000m³ x 2	0.13951
STRIP.PUMP			400m³ x 1	
CO EDUCTOR			600m³ x 2	
BW EDUCTOR			600m³ x 1	

ULLAGE / Discharge Diagram

FULL
5 M
10 M
15 M
20 M
25 M
EMPTY

SIRRI C.O 45M BBLS
L/H C.O 50%
L/H C.O 54%
L/H C.O 100%
SIRRI C.O BALANCE

B: 1W 30M, 5W 25M
1C 3W
B: 3W 30M, 5W 30M, APT NIL(예후)
SS
1W,2C,3C,4C
1W,2C,3C
B: 3W 20M
SP
4W 3W
B: 3W 5M, 4W 30M, 5W 30M, APT 11M
1C 2C 3W 4W

ELAPSED TIME: 0 1 2 3 4 5 6 7 8 9 10 11 12 13 14 15 16 17 18 19 20 21 22 23 24 25 26 27 28 29 30 31 32 33 34 35 36 37 38 39 40 41 42 43 44 45 46 47 48 49

COP #1
COP #2
COP #3
COW : 3C,4P,4S,5P — 2C,4C,1W,3W — LINE DRAINING (3HRS) — INTER' STRIPPING & S/S DISCH

MAX. SF/BM	68/35	44/47	50/64	42/58
TRIM	2.9	4.3	1.7	3.8
Df	17.9	13.0	9.6	7.7
Da	20.8	17.3	11.3	11.5

3/O B   3/O A   2/O   1/O
C/O
MASTER

REMARKS

1. 당직사관은 매시간 화물량, BM/SF 기록.
2. DECK 당직자는 매 1시간 DECK, P/R 순찰하고 기록
   IGS BM 순찰을 및 순찰일지 기록
3. DECK 당직자는 수시로 해면 관찰하고
   유유출 여부 감시 철저
4. MANIFOLD 압력 7kg 이상 유지
5. CENTER TANK COW : 0 - 140 - 0
6. WING TANK COW : 40 - 0 - 40
7. COW PRESS. 9.5kg
8. 시각전 TANK 산소농도 CHECK
9. 시각전후 순찰감찰철
10. COW 종료후 SS DRAIN

〈그림 3-27〉 Discharging & COW Plan

82 OIL TANKER

3.6.8. 원유세정(Crude Oil Washing)

화물 Tank에 적재한 원유는 양하항으로 항해하는 도중 원유 중에 함유되고 있는 여러 가지 Residue가 Tank 바닥에 침전된다. 이러한 찌꺼기(Residue)는 주로 Wax와 Asphalt 성분으로 구성되어 있다. 이런 Residue는 양하 마지막 단계에서 원유 흐름을 방해하여 양하량을 감소시키며 궁극에는 해양오염의 원인이 된다. 이러한 찌꺼기를 침전 물이라고도 하며, 양하 중의 양하되는 원유 일부를 이용하여 Cargo Tank를 세정하는 것을 COW(Crude Oil Washing)라 한다. 즉 양하되는 원유 일부를 Tank 세정관과 세 정제를 이용하여 고압으로 Tank 내에 분사시켜서 침전물을 분해 및 용해해 적하 당시의 상태로 복원시켜서 화물과 함께 육상으로 양하시키는 것을 원유 세정이라고 한다. 탱크 내부를 물로 세정하는 방식도 있는데, 물 세정은 화물 탱크 내의 침전물을 제거하는 전 통적인 방법으로 해수를 사용하여 세정하는 방식이다. 이 방법은 탱크 세정기를 이용하 여 가열된 해수(약 70~80℃)를 고압(약 10kg/㎠)으로 분사하여 탱크 내의 기름과 침전 물을 강제적으로 제거하는 방법이다. 그러나 이에 반해 원유세정은 양하 중인 원유의 일 부를 탱크 세정기로 보내어 분사함으로써 탱크를 세정하는 방법이다.

(1) 원유세정의 장단점

1) 장점

① 오염방지의 효과가 높다.

② 양하의 효과가 높다. 침전물의 대부분이 제거됨으로써 스트리핑이 잘 되고 따라서 양하 완료 후 ROB 기름이 최소화된다.

③ 기름과 해수의 혼탁 방지 효과가 있다.

④ 화물의 운송용적이 증가한다.

⑤ 항해 중 탱크 세정에 필요한 시간과 비용이 절감되고, 항해 중 정비 작업할 수 있는 시간이 늘어난다.

⑥ 탱크의 방식 효과가 있다.

2) 단점

① 양하 중 작업량이 증가한다.

② 양하 시간이 증가된다. 보통 한 탱크당 40분~60분 정도씩 증가된다.

③ 선박 건조 시 원유 세정용 장비의 설치로 인한 건조 단가가 높아진다.

④ 안전과 해양오염의 위험도가 높아진다.

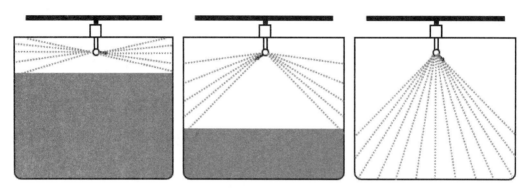

〈그림 3-28〉 Crude Oil Washing의 단계

(2) 세정용 원유의 공급 방법

1) Closed Cycle

① 세정용 원유를 집적 탱크(Slop Tank)에 미리 확보해 두고 〈그림 3-29〉와 같이 화물 펌프로 세정기와 에덕터(Eductor)에 공급하는 방식이다.

② Closed Cycle의 장/단점은 세정기에 공급되는 세정액과 Eductor용 구동유를 Slop Tank로부터 펌프에 의하여 순환시키므로 Striping된 기름도 이 Tank에 모인다. 그러므로 이 방식은 Slop Tank의 유면변화가 적기 때문에 Overflow의 위험도가 적다.

③ 이 방식의 장점은 작업이 단순하고 쉬우며, 세정수의 넘침(Over Flow)의 위험이 적으므로 비교적 안전하나 세정효과가 점점 떨어지는 것이 단점이다. 따라서 보통 4~5 탱크를 세정한 후 세정유를 바꾸어서 실시하는 것이 좋다.

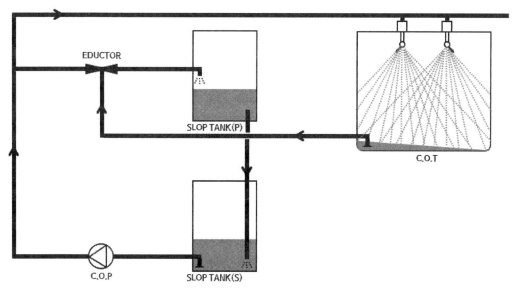

〈그림 3-29〉 Closed Cycle C.O.W

2) Open Cycle

① 세정유와 Eductor용 Driving 기름을 〈그림 3-30〉과 같이 양하 중인 원유에서 끌어들여 이용한다.

② 탱크내의 화물량이 충분하고 펌프의 용량이 충분하면 육상으로의 양하는 동일한 펌프를 이용한다.

③ 세정효과가 높은 것이 장점이나 작업이 복잡하고 어려우며, 집적 탱크의 세정수 넘침 위험이 있는 점이 단점이다.

④ 이 방식은 Slop Tank의 유면의 증가가 급격하기 때문에 Overflow의 위험이 많다. 이를 방지하기 위하여 Slop Tank의 유면을 계속 감시하여 자주 다른 Cargo 펌프로 Slop Tank의 원유를 양하해야 한다.

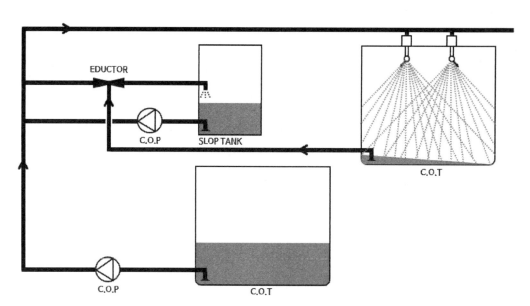

〈그림 3-30〉 Open Cycle C.O.W

UPPER DECK PLAN

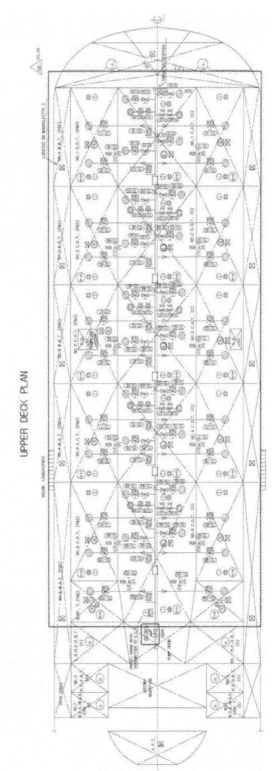

〈그림 3-31〉 Tank Cleaning System 0_10_Tank Cleaning System.JPG

3.6.8. 퍼징과 가스프리

IGS는 Cargo Tank내에 Inert Gas(불활성 가스)를 공급하여 Tank 내의 산소 농도를 낮추어 불연성 범위로 만들어 폭발을 방지하기 위한 장치이다. 이때 사용되는 Inert Gas로는 Boiler의 배기가스를 사용하는데, 이 가스의 성분들은 고온이며 유황 성분, 그을음 등의 불순물을 포함하고 있다. 이를 탈황, 탈진, 냉각하여 양질의 불활성 가스로 만들어 Blower를 이용하여 Cargo Tank 내에 주입한다.

Purging은 석유 가스 농도가 2% 미만인 상태에서 개시하도록 SOLAS 81년 개정조약에서 규정하고 있다. 따라서 Tank Cleaning이 끝난 상태에서 Tank 내 기체 상태를 검사하여 석유 가스 농도가 2% 이상일 때에는 Inert Gas로 Tank 내 기상의 석유 가스 농도가 2% 미만이 될 때까지 치환해야 한다.

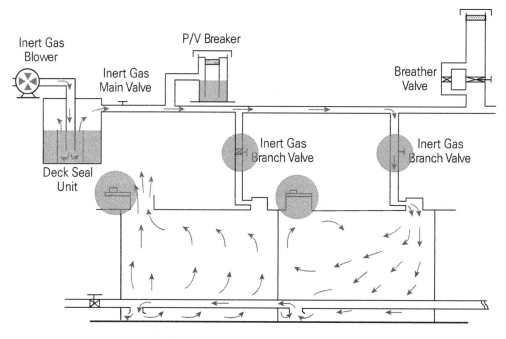

〈그림 3-32〉 I.G. Purging 작업

Tank 내 석유 Gas 농도가 2% 미만인 것을 확인한 후에 Turbine Fan 또는 IGS Blower를 이용하여 대기에 의한 Gas Free를 행한다. 즉 탱크 내부를 대기 상태로 만들어 사람이 들어가 작업할 수 있도록 하는 작업이다.

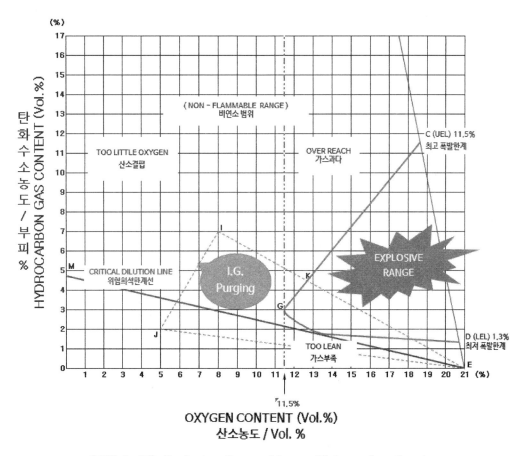

〈그림 3-33〉 Explosive Range Diagram과 Inert Gas Purging

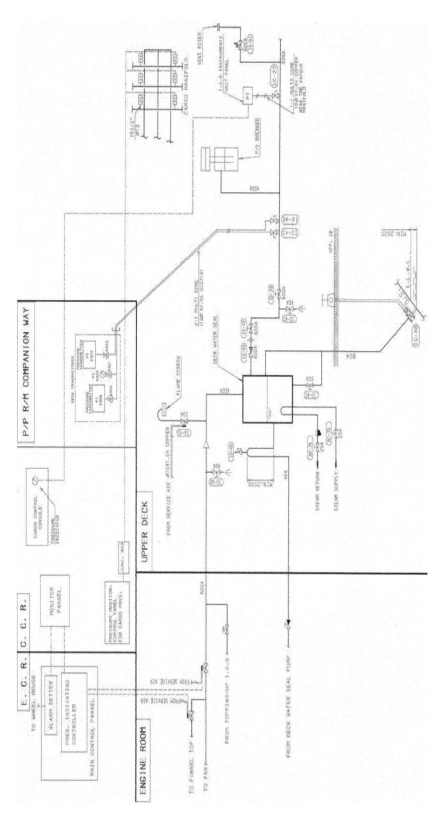

〈그림 3-34〉 Inert Gas System 0_21_Inert Gas System.JPG

제4장
위험통제와 안전관리

Ⅰ. 소화작업 및 안전장구

4.1. 소화작업 및 설비

케미컬 탱커에서 화재가 발생하면 화재가 발화 원인 유해액체물질 또는 가스에 노출될 가능성이 매우 크기 때문에 소화 작업에 완벽히 해야 한다. 다시 말해 탱커에서 비상상황은 선체손상, 대규모 해양오염, 인명사고와 같이 치명적인 결과를 초래한다. 특히 화재 및 폭발로 인한 비상상황은 더욱더 위협적이고, 대응을 어렵게 만든다. 〈그림 4-1〉은 2019년 울산에서 발생한 케미컬 탱커의 화재 장면을 보여준다. 또한 선박의 고립성으로 인해 대형화재로 진행될 경우 선박 자체의 능력으로 소화가 어렵기 때문에 사전에 화재가 발생하지 않도록 유의해야 한다. 따라서 탱커선의 모든 선원들은 이러한 화재 안전에 대한 인식과 사고의 예방을 위한 노력, 화재 사고 초기 대응 능력을 갖추어야 한다. 탱커선의 소화 장비의 특징과 작동원리를 파악하고, 화재장소에 따라 적절한 대응을 수행하여 피해를 최소화 할 수 있다.

화재가 발생하면 처음 몇 분 동안 취한 조치가 중요하며, 그 자리에 있는 선원은 경보를 울리고 전 선원에게 현재 상황을 알려야 한다. 일반적으로 선박의 소방 장비에 대한 최소 요구 사항은 기국에서 정하며, SOLAS(International Convention for the Safety of Life at Sea)의 원칙을 기반으로 한다. 케미컬 탱커의 경우에는 IMO Bulk Chemical Codes에 따르며, 장비나 숙련도 등을 일반 선박보다 더 높은 수준으로 유지

하는 것이 필수적이다. 선원을 위한 전문 교육, 특히 사관의 전문 자격증의 화학적 승인
에 필요한 경우 선상에서 정기적인 훈련을 통해 보충해야 한다. 그래서 이 교재에서는
일반적인 케미컬 선박에서 사용하는 소화 설비에 대하여 서술하였다.

(출처 : SBS 뉴스, 울산 선박서 폭발 사고 … 선원 등 50명 구조)

〈그림 4-1〉 케미컬 탱커 화재

4.1.1. 화재 발생 시 요구되는 대응능력

화재의 대응방법으로 다음의 3단계를 항상 숙지해야 한다. 초기 화재발견자의 대응과
조치 수준에 따라 결과는 크게 달라질 수 있다.

1) 화재의 발견(Find)

발견과 동시에 화재의 장소, 규모, 종류를 파악해야 한다. 화재를 통보할 때 이 내용들
이 포함될 수 있도록 선내장소의 숙지 및 화재 규모 표현, 화재 종류와 분류에 대한 지
식이 필요하다.

2) 화재의 통보(Inform)

화재의 사실을 신속한 대응과 선내방송이 가능한 보고처에 알려야 한다. 사전에 이러한 비상상황의 통보를 위한 수단과 장비의 위치를 숙지해야 한다. 선내 전화기의 이용이 어려운 경우 가까운 선내 알람 버튼을 이용한다.

3) 화재의 초기대응(Restrict)

초기대응의 가능 여부를 판단하여 진화를 시도한다. 사전에 초기대응에 사용하는 소화기나 소화 설비의 사용법을 숙지하고, 소화 원리를 파악해야만 효과적인 초기대응을 수행할 수 있다.

화재상황은 다른 선종에서도 발생하지만, 화물로 인한 탱커선 화재의 경우 그 특징을 사전에 파악해야 추가적인 피해를 예방할 수 있다. 다음은 탱커선 화물로 인한 화재의 특징들이다.

- 일부 화학제품 화물들은 다른 화물과의 혼합, 반응성이 발화 원인이 될 수 있다.
- 화재의 발생 시 가열로 인한 유독성 가스가 다량 발생할 수 있다.
- 자연발화온도가 낮은 화물들은 점화원 없이 화재가 발생할 수 있다.
- 갑판 상 화재의 경우 밀폐식 소화 작업이 불가하고, 화물에 따른 적절한 소화수단을 준비해야 한다.
- 대형화재로 진행될 가능성이 높다.

화재의 3요소는 산소(Oxygen), 발화원(Source of ignition), 가연성 물질(Flammable material)의 조합을 필요로 하다. 다시 말해, 화학 물질은 연소를 위해 산소 또는 열이 필요하다. 그래서 화재를 통제하고 진압하는 주요 수단은 화재를 제거하여 하나 이상의 요소를 제거하는 것이다. 하나 이상의 요소를 제거하면 쉽게 여겨질 수 있으나, 케미컬 탱커의 화재에서 발화원은 화학 물질 자체 내의 반응이나 화학 물질을 혼합한 후의 반응에서 발생하는 열일 수 있으며, 불에 의한 가열을 통해 화학 물질에서 산소 공급이 방출될 수 있다. 또한 운송 중 선체동요 정전기 축적으로 인한 발화원의 제거가 불가하고, 운송화물인 가연성 물질 역시 제거가 불가하다. 따라서 화재의 3요소를 고려한 탱커선의 화재. 폭발 위험성 저하 방안은 산소농도의 감소방법이 효과적이다. 그래서 의심할 여지 없이 가장 좋은 방법은 화재 발생을 예방하는 것이며, 초기에 화재에 대하여 최대한의 대응을 하는 것이 중요하다. 제2장에서 서술한 인화점은 화물이 상온 또는 보다 낮은 온도의 인화점을 갖는다면, 화재, 폭발 위험성이 높다고 볼 수 있다. 화물 탱크 내부의 대기상태를 불활성화하여 폭발영역이 발생하는 산소농도보다 낮게 관리한다면 화재 · 폭발 위험을 막을 수 있다. 이와 같이 선적화물의 폭발영역을 사전에 인지해야 화재 · 폭발 위험에 대비한 본선조치를 계획할 수 있다.

화재를 예방하기 위해서는 사고 원인을 제거하는 것에 목적이 있다. 이를 위한 규정들을 모든 선원들은 철저하게 따르고 유의해야 할 의무가 있으며, 이는 선박의 재산과 인명안전을 보호하는 방법이다. 화재가 발생한 경우의 예를 들어 대응방법의 예시를 들어보면 아래와 같이 대응할 수 있다.

1) 갑판 상의 화재를 목격한 경우에는 즉각적인 초기대응은 인명피해를 발생시키기 때문에 화재 사실의 통보가 우선 이루어져야 한다.
2) 진행 중인 모든 작업을 정지하고, 화물 작업의 경우 비상작업정지(Emergency Shut Down, ESD) 버튼을 사용하여 비상 정지한 다음, 소화에 완벽히 한다.
3) 훈련이 된 화재 대응팀을 구성하여 화재를 진압한다. 폼 소화 장비를 이용할 경우 화재 범위가 확산되지 않도록 유의하여 발사하며, 물을 이용하는 경우 직접 분사를 피해야 한다.
4) 소화 작업자는 필요한 모든 보호 장비를 착용해야 한다.
5) 접안한 경우 항만에 화재 사실을 알리고 이안이 필요하면 이안한다. 또한 항해 중인 경우에는 화재장소를 풍하 측에 오도록 조선한다.

화재에 대하여 초기대응이 중요하며, 예방하기 위하여 완벽히 해야 하는 이유는 선박화재의 특수성을 근거로 한다. 만약 선박이 육상의 근처에 있으면 거리만큼 빠르게 육상의 지원이 가능하지만, 그렇지 않은 경우 화재는 선박의 침몰로 연관되는 경우가 많다.

예를 들어 최근에 발생한 화재의 경우에는 케이블 해저 매설작업 중 불이 난 6,000t급 대형 특수선이 잔불이 남은 상태로 하루 넘게 표류하다 침몰하였다. 그 화면은 〈그림 4-2〉와 같다. 다행히 선원들은 사고 직후 함께 작업 중이던 예인선으로 대피해 인명피해는 없었다. 사고 발생 이후 해양경찰 방제정과 소방정, 군·경·함정 등이 동원되었지만, 불길은 쉽게 잡히지 않았으며 결국 침몰하였다. 결과적으로 선박은 화재로 인하여 침몰하였으나 선원들의 즉각적인 초기대응을 통해 선원들의 안전은 확보할 수 있었다.

〈그림 4-2〉 특수선 화재 장면

4.1.2. 소화에 사용되는 물질

케미컬 탱커에는 일반적으로 물, 이산화탄소, 건조 분말(Dry Powder) 또는 폼(Foam) 등의 주요 소화 매체가 있다. 이러한 소화 매체의 최소 용량 및 적용 범위는 SOLAS 및 IMO 코드에 규정되어 있다. 또한 일부 화학 물질에는 워터(water) 스프링클러 시스템과 같은 특수 소방 장비가 필요한 특성이 있다. 탱크에서 화물 화재를 처리하는 가장 좋은 방법은 폼, 이산화탄소 또는 때에 따라 건조 케미컬(Dry Chemical) 분말과 같은 물질을 사용하는 것이다. 〈표 4-1〉에는 소화 설비와 주요 효과에 대하여 나타낸다. 여기에서 질식은 공기를 차단하여 산소 공급을 단절하는 것을 의미하며, 희석은 공기 중에 21%나 포함된 산소농도를 일정량 이하로 낮추거나 가연성 기체를 일정 농도 이하로 희석함을 의미한다. 냉각은 연소물 온도를 발화점 이하로 낮추는 것을 의미하며, 억제는 연소물의 연쇄 반응을 늦추거나 중단시키는 화학적인 효과를 의미한다.

장치의 명칭		주요 효과	적용 화재
물	JET	냉각	보통화재
	SPRAY	냉각	보통화재
고정식	거품(FOAM)	질식, 냉각	주로 기름화재
	CO2	희석, 냉각	전기화재
	증기	질식	모든 화재
이동식, 휴대식	거품(FOAM)	질식, 냉각	보통화재, 기름화재
	CO2	희석, 냉각	전기화재, 기름화재
	분말 (DRY POWDER)	질식, 냉각, 억제	보통화재, 기름화재, 전기화재
불활성 GAS		희석	기름화재, 전기화재
스프링클러		냉각	보통화재

〈표 4-1〉 소화 설비와 주요 효과, 적용화재

4.1.2.1. 물

물은 가장 많이 사용하는 소화 물질이며 일반적인 냉각 물질이지만, 대부분의 케미컬 화재에 제한적인 영향을 미친다. 물을 사용하는 경우에는 직사보다는 스프레이 또는 미스트(mist) 또는 폼으로 변환해서 사용해야 한다. 주로 화학 물질 자체와 주변 구조물인 격벽과 탱크 벽면을 냉각하고, 증기 농도를 줄이는데 사용되어야 한다. 또한 소화하는 선원과 화재 사이에 스크린을 만들어 선원을 보호할 수 있다. 하지만 물이 튀거나 넘침에 따라 화재가 진행되고 있는 액체가 퍼지거나 물의 격렬한 비등이 발생할 수 있기 때문에 불에 직접 분사하는 형태로 물을 사용해서는 안 되며, 한동안 타오르는 액체는 물로 진화하기가 어렵다. 그 이유는 액체는 점차 더 깊이 가열되어 가스 방출이 중단되는 지점까지 쉽게 냉각될 수 없기 때문이다.

4.1.2.2. 이산화탄소 및 할론

이산화탄소의 특징은 시각이나 후각으로 감지할 수 없으며, 소화에 사용하고자 하는 경우는 널리 확산하지 않거나 밀폐된 공간이라는 조건에서 사용하면 화재 진압에 탁월한 진압 물질이다. 그러나 정전기 발생 가능성이 있으므로 아직 불이 붙지 않은 인화성 대기가 있는 공간에 이산화탄소를 주입해서는 안 된다.

할론의 특징은 전기적 비전도성, 화재침투성, 탁월한 소화 능력이 입증되어 최근 선박에 사용되고 있다. 할론의 환경적인 단점은 오존층 파괴 등으로 알려졌지만, 선박에 위해를 가한다는 보고는 현재까지 없다. 할론 시스템이 선박에 장착 된 경우 비상시 사용은 생명이나 선박을 구하기 위하여 필수적이다. 이산화탄소와 마찬가지로 할론 및 기타 화학 소화 가스는 널리 확산하지 않는 밀폐된 공간에서 가장 효과적이다.

4.1.2.3. 건조 분말

건조 분말은 열에 의해 불연성 가스로 분해되는 효과적인 소화 물질이다. 분말이 축축하거나 압축되지 않는 것이 중요하며, 소화기에서 자유롭게 흐르는 구름 형태로 방출되어 갑판이나 밀폐된 공간에서 액체가 유출되어 발생하는 화재를 초기에 처리하는데 효과적일 수 있다. 폼은 주로 기름 화재에 적합하나, 전기 화재를 처리하는 데도 유효하다. 하지만 건조 분말은 냉각 효과가 없으므로 뜨거운 표면에서 발생할 수 있는 재점화 가능성을 방지하지 못할 수 있다. 폼과 공동으로 사용하는 경우에는 특정 유형의 건조 분말은 폼 블랭킷의 파손을 일으킬 수 있기 때문에 폼과 호환되는 분말을 사용해야 한다.

4.1.2.4. 폼

IBC 코드에 따라 제작된 케미컬 탱커는 주요 소방 물질로 폼이 있으며, 대부분은 내알코올성 또는 다목적 폼을 사용한다. 폼이 소화하는 원리는 타는 액체 위에 블랭킷을 형성하여 화재원으로부터 산소 공급을 차단하는 것이다. 폼은 액체의 표면 온도에 약간의 냉각 효과가 있으며, 폼은 전류를 전도하므로 전기 공급 장치가 차단되지 않는 한 고전압 전류가 관련된 곳에 사용해서는 안 된다. 폼은 직접 분사를 하므로 접근하는 동안에는 물안개를 사용하여 소방관을 복사열로부터 보호하고, 화재에 더 가깝게 접근하여 직접 분사를 수행한다. 물은 폼에 떨어지면 효과를 감소시키기 때문에 주의해야 한다.

4.1.2.5. 불활성 가스 시스템

불활성 가스 시스템의 목적은 화물 탱크의 화재나 폭발을 방지하는 것이다. 고정식 소방 설비는 아니지만, 화재 발생 시 시스템이 소화에 도움이 될 수 있다.

4.1.3. 이동식 소화 장비 및 소화

케미컬 탱커에서 발생하는 화학 물질과 관련한 화재는 화물 탱크 또는 갑판에서 발생할 가능성이 가장 높다. 하지만 거주 구역이나 국소적인 곳에서 화재가 발생한 경우에는 가장 먼저 초동조치로 이동식 소화 장비를 이용하여 소화 작업을 진행해야 한다. 그 이유는 탱커선의 휴대식 소화기는 사용자가 원하는 장소로 이동시켜 사용할 수 있으며, 별도의 준비나 지원없이 개인이 초동조치를 수행하기에 적합하여, 거주 구역 및 각종 창고, 실내 주요기기 주변 화재 진압에 이용된다. 소화기를 사용할 때에는 소화기 위치를 먼저 확인해야 하며, 위치는 〈그림 4-3〉과 같이 거주 구역에는 FFP(Fire Fighting Plan)의 게시물을 확인해야 한다. 이동식 소화 장비는 대형화재의 진압에는 부적절하며, 사용 방법과 소화 원리를 숙지하지 못하면 큰 효과를 기대하기 어렵다. 교육과 훈련을 통해 선원들은 소화기의 작동법뿐만 아니라 소화 원리의 이해를 통한 진압 방법을 숙지하여 초동조치를 효과적으로 수행할 수 있어야 한다.

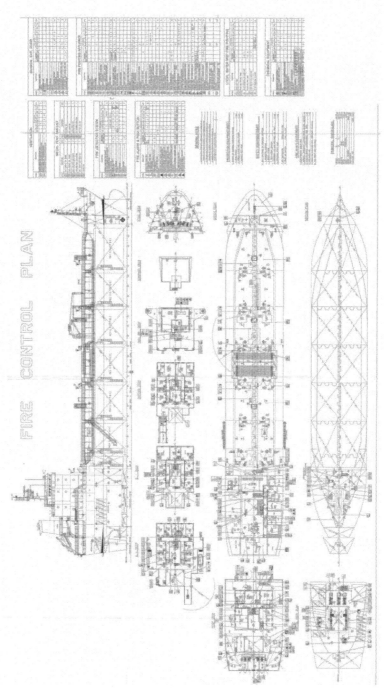

〈그림 4-3〉 Fire Fighting Plan

이동식 소화 장비를 사용하는 경우에는 표 5-2와 같이 화재의 종류에 따라 화재원이 구분되며, 진화 방법이 결정된다. A급 화재의 경우에는 물, 스프레이, 폼 소화기를 이용하고, B급 화재의 경우에는 폼 소화기 또는 CO2 소화기를 이용한다. C급 화재의 경우에는 건조 케미컬 파우더(Dry Chemical Powder, DCP) 및 CO2 소화기를 이용하고, D급 화재의 경우 특수 건조 케미컬 파우더를 이용한다. 이를 〈표 4-3〉에 정리하였다.

화재의 종류	화 재 원	화재원인의 진화방법
A급 화재	섬유, 목재, 종이	물(SPRAY), 곧은 물, FOAM
B급 화재	기름, 페인트, 그리스	FOAM, CO2
C급 화재	전기의 합선, 전기회로의 단락	DRY CHEMICAL POWDER, CO2
D급 화재	금속	특수 DRY CHEMICAL POWDER

〈표 4-2〉 화재의 종류에 따른 화재원인 진화방법

	물	FOAM	DRY CHEMICAL POWDER (DCP)	INERT GAS/CO2
A급 화재	O	O	X	X
B급 화재	X (SPRAY만 허용)	O	O	O
C급 화재	X (SPRAY만 허용)	X	O	O
D급 화재	X	X	X (특수한 CHIMICAL 사용)	X

〈표 4-3〉 화재의 종류에 따른 소화 물질

4.1.3.1. 이동식 폼 소화기

이동식 폼 소화기는 포말, 거품 소화기로도 불리며 내열성, 발포성, 점착성, 내유성, 유동성을 가지는 폼을 사용하는 소화기이며, 그림 5-3과 같다. 거주 구역 내부의 일반

화재 및 물에 의한 소화 방법으로는 효과가 작거나 연소의 확대 우려가 큰 가연성 액체의 화재에 사용되며, 전기 화재에는 사용이 제한된다. 폼 소화기의 원리는 두 수용액의 화학반응에 의해 발생하는 CO_2와 그것을 핵으로 하는 화학포의 질식효과와 냉각효과로써 소화가 되는 방식이다. A급 화재에서는 화재의 심부를 향해서 사출하고, B급 화재에서는 화재의 배면이나 구조물에 사출하여 포말이 흘러 유면을 덮어씌우는 방법으로 소화한다. 현재에는 용액을 가압 방출 시 특수노즐을 통해 폼을 발생시키는 기계포 소화기가 주로 사용되고 있다. 소화는 화재장소에 다량의 Foam을 방사하여, 화원의 표면을 덮어 산소의 공급을 차단함으로써 질식작용을 이용하며, 폼 수분에 의한 열원 냉각작용도 기대할 수 있다. 폼 소화기의 특징은 표층을 덮어 소화되므로 재발화의 위험성이 적으며, 가압방식에 따라 가압식과 축압식이 있다. 구조상의 특징은 노즐에서 방사될 때 공기를 흡입하여 발포하는 것이다.

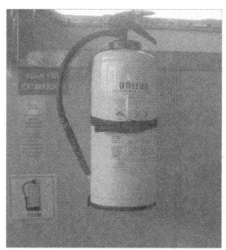 

〈그림 4-4〉 이동식 폼 소화기

4.1.3.2. CO2 소화기

이산화탄소인 CO2 소화기는 CO2를 소화 약제로 하는 소화기이며, 고압가스 용기에 저장한 CO2를 화재장소에 방사하여 소화한다. CO2 소화기를 통한 소화는 B, C급 화재의 초기진화에 유효하며, B급 화재의 경우 분사 위치를 화재의 가장 자리로 향하게 하고 가능한 한 가깝게 접근하여 좌우로 천천히 흔들면서 서서히 다가가 유면에 CO2 눈(Snow)을 남기면서 마치 비질하듯이 소화한다. 가능하면 풍상 측에서 소화하는 것이 유리하다. C급 화재의 경우 사출은 전기 장비를 포함한 화재의 근원부를 향하게 하고, 화재원을 제거하기 위해 가능한 한 빨리 전원을 차단하도록 한다. CO2 소화기는 선교 내 고가의 항해 장비 및 주요 정밀기기들 주변에 비치하는 것이 일반적인데, 그 이유는 CO2는 장기간 변질 부식이 없는 특징 때문이다. 소화는 CO2는 공기보다 약 1.5배 무겁기 때문에 화재장소가 한정적일 때에는 표층을 덮기에 질식 효과를 기대할 수 있다. 또한 노즐에서 CO2가 방출될 때 온도가 저하되어 드라이아이스가 생성되어 소화하기에 냉각 효과를 기대할 수 있다. CO2 소화기의 특징은 고압에서 분사되기 때문에 소음이 크며, 방출될 때 저온(약 -80℃)이므로 손잡이를 정확히 잡지 않으면 동상 발생의 우려가 있다. 또한 방사거리가 짧고, 약제량에 비해 다른 소화기들보다 소화력이 떨어진다. 하지만 소화가 완료한 후에는 피 연소물의 피해가 거의 없어 사고원인 조사에 쉽고 정밀기계 소화에 적합하다.

〈그림 4-5〉 이동식 CO2 소화기

4.1.3.3. 건조 케미컬 분말(DCP) 소화기

DCP(Dry chemical powder) 소화기는 〈표 4-4〉와 같이 종류가 구분되어 있으며, 종류에 따라 적응 화재, 약제가 다르게 포함되어 있다. 기본적으로 DCP는 분말로 구성된 소화 약제를 방출원이 되는 가스에 의해 화재 장소에 분사하는 소화기이다. 용기 내에 충전된 분말에 가스(CO_2나 N_2)를 배합해서 유동화를 한 다음, 그 압력에 의해 분말을 방출하는 것이다. 그 이유는 DCP 소화기는 자체압이 없기 때문에 N_2 또는 CO_2 가스 등의 가압원이 필요하다. DCP는 B, C급 화재에 효과적이며, 방출원 가스의 작동방식에 따라 가압식 및 축압식으로 구분한다. 가압식은 방출원이 되는 압축가스를 별도용기를 소화기

〈그림 4-5〉 DCP 소화기

내 삽입한 것이고, 축압식은 약제와 방출원 축압가스(질소 등)를 본체용기에 함께 축압시킨 소화기를 말한다. 소화는 화재 장소에 DCP를 뿌려주면 열 분해반응을 일으켜 CO_2, H_2O 등이 생성되어, CO_2에 의한 질식작용 및 H_2O에 의한 냉각작용이 발생한다. 또한 분말을 분사하기 때문에 가연성 혼합기체의 희석 효과를 기대할 수 있으며, 가연물의 연속적인 반응을 억제한다.

종별	약제	착색	적응 화재	반응식
1종	탄산수소나트륨	백색	B,C	$2NaHCO_3 + 열 = Na_2CO_3 + H_2O + CO_2$
2종	탄산 수소칼륨	보라색	B,C	$2KHCO_3 + 열 = K_2CO_3 + H_2O + CO_2$
3종	제1인산암모늄	담홍색	A,B,C	$NH_4H_2PO_4 + 열 = HPO_3 + NH_3 + H_2O$
4종	탄산수소칼륨 + 요소	회색	B,C	$2KHCO_3 + (NH_2)_2CO + 열 = K_2CO_3 + 2NH_3 + 2CO_2$

〈표 4-4〉 각종 DCP 소화기 종류

4.1.4. 고정식 소화 장비 및 소화

케미컬 탱커에서 발생하는 화학 물질과 관련한 화재는 화물 탱크 또는 갑판에서 발생할 가능성이 가장 높다. 그러나 화물의 유출 또는 탱크의 오버플로우 또는 탱크 측면 파열의 경우에는 화재가 선박의 주변 해수면으로 확산할 수 있다. 이때 이동식 소화 장비로는 화재진압에 한계가 있기 때문에, 갑판 구역에서 발생하는 화재를 진압하기 위하여 고정식 소화 시스템을 구축해야 한다. 이러한 시스템은 FSS(Fire Safety System) 코드에 따라 위험물을 운송하는 선박은 코드에 적합한 고정식 탄산가스 또는 불활성 가스 소화 장치 또는 주관청의 판단에 따라 운송되는 화물에 대하여 동등한 보호를 제공하는 소화 장치가 설치되어야 한다. 또한 IBC Code 17절에서 소화 장치 설치에 대한 최소 요건을 나타내고 있다.

고정식 소화 장비는 〈그림 4-6〉과 〈그림 5-7〉과 같이 물을 소화 매체로 사용하는 때에는 G/S (General Service) 라인을 이용하며, 비상 소화 펌프를 사용하는 때에는 소화 라인을 이용한다.

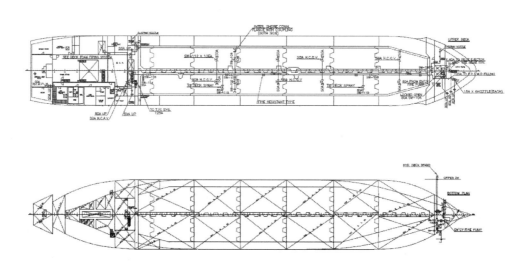

〈그림 4-6〉 고정식 소화 장치의 갑판 구역 G/S 라인 및 소화 라인

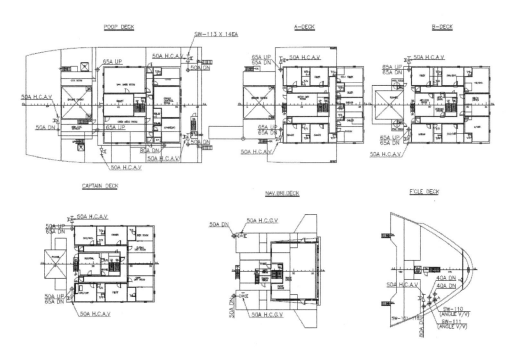

〈그림 4-7〉 고정식 소화 장치의 거주 구역 G/S 라인 및 소화 라인

4.1.4.1. 고정식 폼 소화 시스템

고정식 폼 소화 시스템은 화재가 발생한 지역에 폼을 방출함으로써 화재 지역을 덮어씌워 진압하는 소화 시스템이고, 팽창 비율에 따라 분류하면 저팽창 폼 소화 장치에 해당한다. 케미컬 선박의 경우에는 총톤수와 무관하게 화물구역 소화 장치를 갖추어야 하며, 대부분은 〈그림 4-8〉과 같은 고정식 폼 소화 시스템을 설치하고 있다. 폼 소화 시스템 역시 제조사에 따라 다르지만, 일반적으로 폼 저장 탱크와 라인에서 대량의 폼을 신속하게 화재 지역에 전달하기 위한 폼 모니터(monitor)로 구성된다. 일반적으로 폼 라인은 〈그림 4-6〉과 〈그림 4-7〉과 같이 물과 폼을 전달하는 라인을 공유하며, 그에 따라 소화 호스와 노즐 및 연결 밸브를 〈그림 4-8〉에서 확인할 수 있다. 대용량 폼 모니터는 일반적으로 고정 장착되어 있으며, 화재구역에 따라 상하 좌우로 조작이 가능하게 되어 있다. 화물구역에서 화재 발생 시 주요 소방도구로 사용되기 때문에 폼 모니터는 필수적

으로 작동 준비 상태에 있어야 한다. 최근에는 원격으로 제어되는 폼 모니터가 있으며, 이러한 선박에 승선하는 선원은 해당 매뉴얼을 참고하여 사용법을 숙지해야 한다.

〈그림 4-8〉 고정식 폼 탱크, 폼 모니터, 소화 노즐 및 소화 밸브

고정식 폼 소화 시스템은 소화 펌프를 작동함으로써 폼 탱크에 있는 폼을 갑판 구역 또는 화재 구역으로 전달한다. 전달한 폼은 폼 모니터를 통해 화재 구역에 분사됨으로써 소화를 수행한다. 이 과정의 예시를 〈그림 4-9〉에 나타내었다. 그림은 비상 소화 펌프를 나타내며, 펌프의 작동은 아래의 순서와 같다.

1) 폼 모니터를 화재 위치로 조정하고 밸브를 개방한다.

2) A, E의 고립 밸브를 열고, 갑판으로 연결되는 F 밸브를 연다.

3) 소화 펌프(또는 G/S 펌프)의 시작 버튼을 이용하여 작동시킨다.

4) 폼 탱크와 연결되는 D 밸브, H 밸브, C 밸브를 연다.

5) 폼 펌프의 시작 버튼을 이용하여 작동시킨다.

위와 같이 일반적인 작동 순서를 나타내었으며, 그 결과로 폼 모니터가 분사되는 것은 〈그림 4-10〉과 같다. 선박마다 약간의 차이가 있기에 차이를 가감하여 작동시킨다.

〈그림 4-9〉 고정식 폼 소화 시스템 작동의 예시

〈그림 4-10〉 폼 모니터 작동

4.1.4.2. CO2 소화 시스템

CO2 소화 시스템은 FSS 코드 규정에 적합하도록 기관실 및 펌프실 소화장치로 이용된다. CO2 소화 시스템의 소화 능력은 방출되는 구역에 얼마의 %의 체적을 CO2로 농도를 맞출 수 있는지가 중요하며, SOLAS에서는 기관실과 펌프룸에 소화를 시작한 후 요구 방출시간은 2분 이내에 85%의 농도를 맞추도록 규정하고 있다. CO2 소화 시스템은 〈그림 4-11〉과 같으며, 규정에 적합하도록 CO2 가스를 보유하도록 설계되어 있다.

〈그림 4-11〉 고정식 CO2 소화 시스템

고정식 CO2 소화 시스템은 밀폐된 공간에 CO2를 주입하는 시스템이기 때문에 작동시키기 전에 사람이 있는지를 반드시 확인해야 한다. CO2 소화 시스템 또한 제조사마다 차이는 있으나, 일반적인 과정의 예시를 〈그림 4-12〉에 나타내었다.

1) 키 박스에서 키를 꺼내어 연 다음, 30초 정도 기다린다.

2) 30초 후에 경보가 발생하고, 환풍기가 멈춘다.

3) 작동 전에 반드시 모든 사람이 화재 지역에서 철수하였는지 확인한다.

4) 화재지역의 모든 환풍기, 문, 해치를 닫고, 기계류를 정지시키고 연료 공급을 중단한다.

5) 작동 밸브(pilot cylinder valve)를 연다.

6) 주밸브 작동을 위한 첫 번째 작동(POD) 밸브를 연다.

7) 소화용기 작동을 위한 두 번째 작동밸브를 연다.

8) CO2 소화가 수행되며, 만약 작동하지 않는다면 비상 작동법을 따른다.

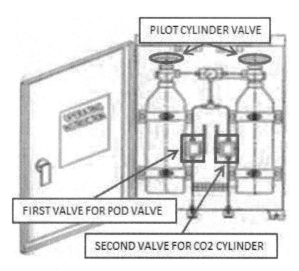

〈그림 4-12〉 고정식 CO2 소화 시스템 작동 예시

4.1.4.3. 기타 고정식 소화 장치

고정식 소화 장치의 기타로는 분말 소화 장치(Dry powder system), 미스트(mist) 소화 장비, 고 팽창 포말 소화 장치 등이 있다. 분말 소화 장치는 분말 소화 장치가 요구되는 특정한 케미컬을 위험 케미컬 탱커의 화물구역에 요구되는 소화 장치이다. 이 소화 장치는 분말의 급격한 흡열 반응에 의해 화재로부터 열을 흡수하고 산소가 공급되는 것을 차단함으로써 화재를 진압하는 것이다. 미스트 소화 장치는 선박 기관실의 고정식 국부 소화 장치로 사용된다. 미스트는 〈그림 4-13〉과 같이 적어도 분당 5L/㎡로 분사되어야 하며, 기관실과 deck에 분사가 된다. 작동은 원격으로 작동하는 법과 자동 작동이 있으며, 화재 알람이 3분 이상 작동하면 해당 지역에서는 자동으로 분사된다. 고 팽창 포말 소화 장치는 폼 원액과 해수가 혼합된 폼 용액으로부터 폼 발생기를 이용하여 폼을 생성하여, 이 폼을 소화에 사용하는 장치이다.

〈그림 4-13〉 미스트 시스템의 예시

4.2. 개인 안전 장비

케미컬 선박에 승선하여 위험한 화물을 취급하는 선원에게 보호복과 장비를 적절하게 사용하는 것의 중요성은 아무리 강조해도 지나치지 않다. 케미컬 탱커의 적재화물은 인화 위험성 이외에 독성, 부식성 등의 위험성이 동시에 존재하는 경우가 대부분이므로 이러한 화물 취급을 위한 작업 시에는 화물의 위험성에 따라 각각 적절한 보호 장비를 착용해야 한다. 그러나 보호복이나 장비는 예방하기 위함이며, 기본적으로 발생할 수 있는 위험을 줄이지 않는다는 점을 기억해야 한다. 하지만 개인안전 장비를 잘못 사용하거나 사용하는 유형이 잘못된 경우에는 효과가 전혀 없을 수 있다. 또한, 때때로 착용하고 있는 개인안전 장비가 결함이 있거나 관리가 안 되어 있을 수 있다. 따라서 모든 장비 항목을 항상 적절하게 유지 관리하고 올바른 항목을 선택하여 사용하는 것이 중요하다.

사용해야 하는 이들 모든 인명보호 장비 및 속구는 거주 구역 내에 두어서는 안 되며, 갑판 상 일정한 장소에 별도 보관실을 두어 항상 사용할 수 있도록 정비, 정돈해야 한다. 안전 장비의 매뉴얼은 가능한 경우 관련 장비와 함께 보관해야 하며, 안전 장비를 사용하는 모든 선원은 사용 방법에 대한 적절한 교육을 받아야 한다. 보호복, 보호 장갑, 안면 보호대, 고글 및 기타 품목의 재질은 보호하고자 하는 대상인 케미컬 화물과 화재 등에 적합해야 한다. IBC 코드에서는 개별 화물에 대한 특정 개인안전 장비를 지정하며, 여기에는 안전화, 안전 헬멧, 안전 고글 등과 같이 선원 및 방문객을 위해 선박에서 필요한 개인안전 장비가 포함된다.

4.2.1. 호흡기 보호

흡입은 독성 화학 물질에 대한 주요 노출 경로가 코나 입이기 때문에 구제 보호가 가장 중요하다. 호흡기 보호 장비 사용자에게 신선한 공기를 적절히 공급하는 것이 필요하다. 일반적으로 공기 공급원 또는 공기 정화 장치인 필터(filter)에 연결된 전면 부품으로 구성되며, 안면의 길이 조절 끈을 이용하여 완전히 밀폐되도록 하는 것이 중요하다. 머리카락이나 턱수염과 같은 얼굴 털의 존재는 마스크의 완전 밀폐를 방해할 수 있으며,

필터를 제외하고는 항상 청결한 상태로 유지해야 한다. IBC 코드에 따르면 매 달마다 당당 사관이 호흡 장치를 검사하고, 최소 1년에 한 번 전문가가 검사하고 테스트해야 한다. 결함은 발견 즉시 처리해야 하며, 검사와 수리에 대한 기록을 보관해야 한다. 사용한 산소 보틀(bottle)은 가능한 한 빨리 충전해야 하며, 마스크와 헬멧은 청소하고 소독한다. 모든 유형의 호흡 장치 사용에 대한 실제 훈련 및 교육을 정기적으로 수행하며, 선원이 직접 사용 경험을 할 수 있도록 해야 한다. 정기적인 훈련을 통해 얻은 친숙함은 장비에 대한 자신감으로 이어지기 때문이며, 훈련을 받은 선원만이 자동식 호흡 장치와 공기 라인 호흡 장치를 사용해야 한다. 그 이유는 사용법이 훈련되지 않으면 사용자의 생명을 위협할 수 있기 때문이다.

4.2.1.1. 캐니스터 또는 필터 타입 호흡기

캐니스터(Canister) 또는 필터형 호흡 보호구는 독성 가스를 흡수하지만 산소를 공급하지는 않는다. 따라서 이러한 장비를 사용하는 장소는 밀폐된 공간에서는 사용을 제한해야 하며, 충분한 산소가 공급되는 경우에 사용한다. 언제든 의심이 발생할 때에는 아래의 자장식 호흡구 등을 이용해야 한다. 캐니스터 또는 필터 타입 호흡기는 다양한 가스를 흡수 할 수 있지만, 다음과 같은 예방 조치를 준수해야 한다.

• 해당 가스에 대해 올바른 필터 또는 캐니스터를 교체해야 할 수 있다.
• 캐니스터는 점차 포화하여 효과가 없을 수 있으므로 사용 직전에 개방한다.
• 캐니스터는 한 번 사용하면 재사용이 일반적으로 불가하다.
• 오염 물질의 대기 농도가 0.1% 이상(1,000ppm 이상)이거나, 의심되는 경우에는 캐니스터를 사용하지 않는다.

4.2.1.2. 자장식 호흡구(SCBA)

자장식 호흡구(Self-Contained compressed air Breathing Apparatus, SCBA)는 독성 화물과 관련된 화물 작업에 종사하는 선원이 안전하지 않은 공간에 들어갈 때 필요에 따라 사용한다. 안전하지 않은 공간이란 독성 가스가 존재하는 가능성이 있는 공간, 화재구역 등이다. 자장식 호흡구는 〈그림 4-14〉와 같이 사용자가 착용하는 운반 프레임과 하네스에 부착된 에어 실린더에 포함된 휴대용 압축공기 공급 장치로 구성된다. 공기는 사용자에게 공기가 밀착되도록 조절할 수 있는 풀 페이스(full face) 마스크를 통해 제공되며, 호흡 장치는 항상 제조업체의 지침에 따라 사용한다. SCBA는 위험구역에 쉽게 접근할 수 있는 곳에 완전히 조립된 상태로 보관해야 하며, 에어 실린더는 완전히 충전되어야 하며 IBC 코드 규정에 따른다. 사용 전 일반적인 준비사항 및 기능시험은 다음과 같다.

1) 실린더의 압력을 확인하며, 일반적으로 180~200바(bar)를 유지하고 있어야 하며, 이 압력으로 30분 이상 사용이 가능한지 확인한다.

2) 마스크의 압력 공급 밸브의 적색 버튼을 눌러 닫힌 상태로 둔다.

3) 바이패스 밸브를 완전히 잠근다.

4) 실린더 밸브를 천천히 완전히 개방한다.

5) 이때 압력 공급 밸브의 공기 유출구로 공기가 유출되어서는 안 된다.

6) 바이패스 밸브를 열어 공기의 흐름을 확인하고 다시 닫는다.

7) 실린더 밸브를 개방하였다가 잠근 후 바이패스 밸브를 열어 공기를 누출 시켜 압력 게이지의 적색 눈금에서 경보가 작동하는지 확인한 후 바이패스 밸브를 잠근다.

8) 안면부의 머리끈과 부착부 등의 이상 유무를 육안으로 확인한다.

9) 안면부를 착용한 후 흡기구를 손바닥으로 막고, 흡입 시 흡기되는 부분이 없어야 하며, 얼굴에 완전히 압착되도록 한다.

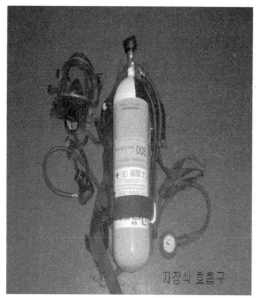

자장식 호흡구

〈그림 4-14〉 자장식 호흡구(SCBA)

4.2.1.3. 비상 탈출용 호흡 장치(EEBD)

비상 탈출용 호흡 장치(Emergency Escape Breathing Device, EEBD)는 IMO 코드 (CODE-3, IGS CODE-14, SOLAS-13)에 나열된 특정 화물의 운송에 대해 인증된 선박에는 비상탈출 목적으로 탑승한 모든 사람에게 충분한 호흡기 및 눈 보호 장치가 제공되어야 한다. EEBD는 〈그림 4-15〉와 같으며, 최소 15분 동안 공기를 공급해야 한다. 위험한 대기를 가진 구역으로부터 탈출용으로만 사용되는 공기 공급 또는 산소 장치이며, 이는 승인된 형식의 것이어야 한다. 또한 EEBD는 소화용으로 또는 산소 결핍 공소 또는 탱크에 입실용으로 사용되어서는 안 된다. 사용에 대한 교육은 기본적인 안전교육에 한 부분으로 해야 하며, 훈련용 EEBD는 명확히 표시하여 개인용과 혼동하지 않아야 한다. 개개인은 한 구역 안에서 생명의 위협을 느낄 때 그 구역을 탈출하기 전에 즉각적으로 EEBD를 착용하고 사용할 수 있도록 교육받아야 한다. EEBD의 일반적인 착용 방법은 다음과 같다.

1) 보관함으로 꺼내어 목걸이를 이용하여 목에 건다.

2) 가방을 메고 안전핀을 위로 당긴 뒤, 공기 소리를 듣고 안전핀이 완전히 제거되는 것을 확인한다.

3) 손을 목 부분에 넣고 두건을 머리에 쓴다. 마스크 및 목 부분이 밀폐되도록 조절하고, 머리카락 및 옷이 안면부의 압착을 방해하지 않도록 한다.

4) 마스크 안의 지시기를 확인한다. 녹색이면 정상이며, 적색이면 실린더의 공기가 부족하다는 의미이기 때문에 해당 EEBD를 사용하지 않는다.

5) 허리 벨트를 조인 후 해당 위험지역을 탈출한다.

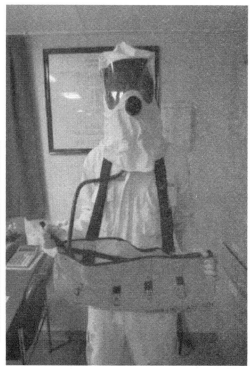

〈그림 4-15〉 비상 탈출용 호흡 장치(EEBD)

4.2.1.3. 공기 라인 호흡 장치

공기 라인 호흡 장치는 압축공기 장비를 독립적인 장비만으로 사용할 수 있는 것보다 더 오랫동안 사용할 수 있도록 개발되었다. 이 장치는 작은 지름의 공기 호스를 통해 압축공기가 공급되는 안면 마스크로 구성된다. 적절한 공급원의 공기가 여과되고 그 압력이 안면 마스크에 공기를 공급하는데 필요한 설계 압력으로 감소한다.

4.2.2. 신체 보호

신체를 보호하기 위해서는 기본적으로 케미컬 화물과의 접촉을 피해야 한다. 하지만 작업 중에 접촉될 위험이 있다면 피부와 눈 접촉을 방지하는데 필요한 보호 장구를 사용해야 한다. 독성 물질이 있는 구역을 진입하는 경우 또는 작업을 수행하는 경우에는 물질이 닿지 않더라도 가스가 땀과 반응하여 피부에 침투할 가능성이 있어서 이러한 상황에서는 케미컬 방호복을 입어야 한다. 이러한 방호복은 부츠, 장갑이 영구적으로 부착되어 있는 형태이어야 한다.

4.2.2.1. 케미컬 방호복

필요한 방호복의 유형과 정도는 작업이 연속적이든 간헐적이든, 취급되는 화물의 물리적, 화학적 또는 독성 특성과 우세한 환경 조건에 따라 다르다. 안전과 관련해서는 MSDS를 기본적으로 참조해야 하며, PVC 재질의 방호복을 많이 사용한다. PVC 코팅은 일반적으로 부식성이 가장 강한 산 및 알칼리성 물질을 포함한 광범위한 화학 물질로부터 보호가 되며, 〈그림 4-16〉과 같다. 그림과 같이 안면 보호구와 신발과 장갑이 일체형으로 된 보호복을 확인할 수 있다. 나일론 및 테릴렌과 같은 합성 소재로 짜여진 PVC 코팅 섬유는 강도, 찢김 방지 및 개선된 불투과성을 제공하기 때문에 극도로 위험한 부식성 화학 물질과의 접촉에 사용된다. 또한 네오프렌 코팅 및 폴리우레탄 코팅 재료는 매우 강한 용제 및 일부 특정 화학 물질로부터 보호할 수 있다. 이러한 보호복을 사용하

는 것은 위험한 화학 물질과의 지속적인 접촉 또는 유출 조건의 가능성으로부터 보호하
는데 이상적이다.

〈그림 4-16〉 케미컬 방호복

4.2.2.2. 소방복

모든 의복은 열과 그에 따른 화상으로부터 어느 정도 보호하지만 내화성이 아니기 때
문에 화염에 노출되면 그을릴 수 있다. 케미컬 화물과 관련한 보호가 아닌, 소화를 위해
서라면 소방복을 적절히 갖추어야 한다. 현재 사용 가능한 가장 효과적인 방화복은 알루
미늄 덮개를 포함하는 경량 내화성 직물로 만들어지며, 이를 방화복 또는 소방복이라 한
다. 그러나 이러한 유형의 슈트는 화재 지역에 직접 진입하는 데에는 적합하지 않고, 화
재 지역으로 접근하는 것만 유효하다. 모든 소방복은 사용 가능하고 건조한 상태로 유지
해야 하며, 소방원 사물함에 갖춰져야 한다. 케미컬 탱커에서 갑판 구역에서 화재가 난
경우에는 케미컬 화물의 화재이므로 일반적인 소방원 장구로는 선원을 보호할 수 없기

때문에 전문가의 조언을 얻어야 한다. 일반적으로는 많은 케미컬 물질은 연소 시 독성 연기를 방출하며, 소방관은 독성 증기 또는 짙은 연기를 흡입하지 않도록 보호하기 위해 추가의 호흡 장치를 착용해야 한다.

〈그림 4-17〉 소방복

4.2.2.3. 눈, 손, 발의 보호

눈에 대한 오염으로 인한 시력 상실은 치명적인 장애이며, 회복이 가장 더딘 신체 부위 중 하나이다. 눈은 특히 부식성 및 독성 액체 및 증기로 인한 부상에 취약하다. 따라서 개인 보호의 필요성을 평가할 때 특별한 고려해야 한다. 화학적 위험에 대한 광범위한 눈 보호 장치는 아래와 같으며, MSDS에 따라 화학 위험을 적절하게 평가해야 한다.

- 안전 고글은 완벽한 화학적 및 기계적 눈 보호 기능을 제공하며, 일반적으로 대부분의 안경 위에 편안하게 착용할 수 있다.
- 일반적으로 안전 헬맷과 결합된 안면 보호대는 액체 및 기계적 위험으로부터 눈과 얼굴을 보호하지만, 가스에 대한 위험에 대해서는 보호하지 않는다.
- 액체가 튀는 것을 방지하고, 제공된 보호의 적절성이 의심되는 경우 안전 고글 또는 안면 보호대를 사용해야 한다.

손 보호가 필요한 경우는 단순한 먼지, 가스부터 질산에 대한 보호에 이르기까지 다양하며 장갑으로 보호한다. 장갑의 유형은 신중하게 선택해야 하며, 존재할 수 있는 위험 요소 또는 위험 요소의 조합을 이해하는 것이 중요하다. 여기에는 부식성 화학 물질, 피부를 통해 흡수될 수 있는 독성 화학 물질, 고온 화물이 포함될 수 있다. PVC 또는 고무 장갑은 두께와 무게의 범위에서 사용할 수 있으며, 선택은 취급되는 화물에 따라 다르다. 올바른 장갑을 선택할 때에도 역시 MSDS를 참고해야 한다.

발의 보호를 위하여 신발을 착용하며, 신발도 역시 부식성 또는 독성 화학 물질과 접촉할 위험이 있는 경우에는 고무 또는 PVC 장화를 착용해야 한다.

4.2.3. 산소 소생기

선박의 특성상 안전관리에 실패하거나 호흡 정지라는 급박한 상황은 언제든지 발생할 가능성이 있다. 따라서 선원들은 산소 소생기의 사용법을 숙지해야 한다. 산소 소생기는 심폐기능이 떨어져 있는 환자에게 적정량의 산소를 흡입시켜 환자의 의식을 회복시키는 것에 사용하며, 〈그림 4-19〉와 같이 산소 보틀과 연결 기구로 구성되어 있다. 환자가 의식이 없는 경우에는 환자를 똑바로 눕힌 다음 고개를 뒤쪽으로 젖혀 기도를 확보한다. 기도가 확보된 상태에서 카테터(에어 라인)를 입속에 넣어 점액 및 혈액 등 이물질을 제거한다. 이는 산소가 폐까지 전달되도록 공기 통로를 확보하기 위한 조치이며, 이때 사용되는 에어 웨이(air way)는 연령에 따라 선택되며 〈그림 4-18〉의 (b)와 같다. 인공호

흡은 (c)의 장비를 이용하여 폐 속으로 혼합산소가 들어가고 불순 공기는 나와 밖으로
내보내지는 연속작동으로 흡기, 배기의 비율이 약 1.5~2가 되면서 인공호흡이 시작된
다. 인공호흡이 필요하지 않은 경우에는 (d)와 같이 가습이 된 산소를 공급한다. 이때 가
습 병에는 표시된 눈금까지 깨끗한 물을 넣어 주며, 물은 깨끗한 물을 사용해야 한다. 준
비면 유량 핸들을 왼쪽으로 돌려 산소가 나오지를 확인한 후 필요한 산소 공급량을 유량
계 안의 구슬을 보면서 조절한다. 그러면 환자에게 습윤 산소를 공급하게 된다.

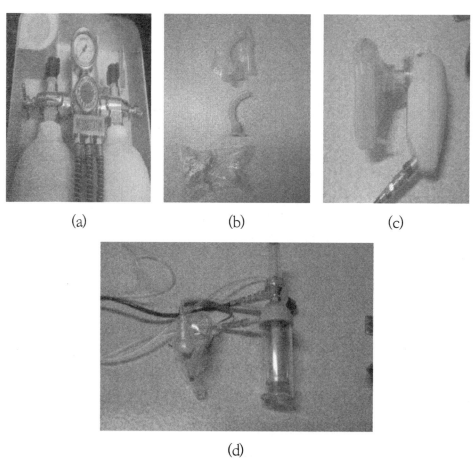

(a)　　　　　　　(b)　　　　　　　(c)

(d)

〈그림 4-18〉 산소 소생기의 상세

II. 비상대응

5.1. 비상 대응의 개요

이 장에서는 케미컬 화물과 관련된 비상상황에 대한 대응 절차의 지침이 서술되었다. 케미컬 탱커에서 발생할 수 있는 모든 잠재적 비상상황의 성격을 예측하는 것은 불가능하다. 따라서 표준 비상 대응 절차를 개발하고 즉시 구현할 수 있도록 유지해야 기본 조치를 신속하게 취하고 추가 문제를 해결하는 방법에 관한 결정을 보다 질서 있게 내릴 수 있다. 비상 대응의 목적은 선박의 피해를 최소화하여 재산과 인명, 환경보호를 위함이다. 비상 대응 계획은 회사마다 절차를 수립해야 하며, 대응 절차는 유조선의 특정 활동 및 무역에서 또는 정기적으로 방문하는 터미널에서 발생할 수 있는 비상 유형을 예상하여 포함해야 한다.

5.2. 비상 대응 계획

모든 비상상황 아래에서 어떤 일이 일어날지 상세히 예측하는 것은 불가하나 잘 수립된 비상 대응 계획은 빠르고 올바른 결정을 쉽게 하여 비상상황에 잘 대응할 수 있게 해준다. MARPOL 73/78 부속서 1장에서는 총톤수 150톤 이상의 모든 유조선 혹은 400톤 이상의 모든 선박은 1990년 이후 선상기름오염비상대응계획(SOPEP, Shipboard oil pollution plan)을 수립하도록 요구하고 있다. 또한 MARPOL 73/78 부속서 2장에는 총톤수 150t 이상의 독성이 있는 액체화물을 산적하여 운송하는 선박에 대해 수송하는 독성 액체화물에 대한 비상 대응 계획(SMPEP, Shipboard marine pollution emergency plan)을 준비하도록 요구하는 규정에 따라 탱커선은 SOPEP 또는 SMPEP를 수립해야 한다.

5.2.1. 비상 대응 조직

케미컬 탱커의 선원은 해상 및 항구에서 케미컬 화재, 케미컬 반응, 유독성 증기 방출, 누출 및 유출과 같은 화물 관련 긴급 상황에 대처할 준비가 되어 있어야 한다. 비상 대응 계획에는 비상 대응을 위한 조직의 구성이 포함되어야 한다. 비상 대응 조직은 어떠한 비상 상황에서도 대응할 수 있도록 역할이 분담되어야 한다. 비상 대응 조직 계획은 〈표 5-1〉과 같이 4가지 역할로 구성하고, 세부적인 업무분장과 실제적인 상황의 반영을 위해 각 조직의 책임 사관을 설정하는 것도 중요하다.

역 할	내 용
지휘 · 통제	승선 중인 책임 있는 선장 및 상급 항해사는 비상상황에 대응할 수 있는 지휘 · 통제 부서를 조직해야 한다.
비상 대응	현장을 평가하고 지휘 · 통제에 현재 상황, 대응 방법, 선내 혹은 외부에서 지원이 필요한 사항 등을 보고한다.
비상 대응 보조	비상 대응을 보조하고 지휘 · 통제에 따라 지원한다. 예를 들면 의료지원, 소모품, 장비 등의 업무를 포함한다.
기술지원	기관장 혹은 상급 기관사의 지휘하에 지휘되며, 주요 업무는 기관구역에서 발생하는 비상상황을 제어하는 역할이다.

〈표 5-1〉 비상 대응 조직의 역할 및 구성

5.2.2. 비상상황의 경보

비상상황에 직접 관여할 선원은 비상 절차 및 비상 계획에 익숙해야 하며, 훈련과 교육을 통해 대응 장비에 익숙해져 있어야 한다. 화물과 관련한 비상상황인 화재, 폭발, 외부로부터의 화물 유출 등이 포함되며, 음향 및 시각적 수단을 통해 경보가 발생한다. 그리고 아래와 내용과 같은 내용이 공통으로 수행되어야 한다.

- 초기 목격자에 의해 확인하여 최초 경보 발생
- 가용할 수 있는 인력 및 장비 구성
- 비상 대응에 필수가 아닌 인원은 대피 준비

- 관련 당국에 통보하여 원조 요청
- 회사의 비상 계획에 따라 절차 진행
- 비상 대피 절차를 포함해야 하는 비상 계획은 항구 및 해상에서 효과적이어야 하므로 이를 염두에 두고 모든 절차와 준비를 개발

5.3. 사고 종류에 따른 비상 대응

5.3.1. 케미컬 화재

모든 장비가 작동하고 모든 선원이 적절한 사용 교육이 이루어지지 않는다면, 비상 대응은 성공할 수 없다. 또한 케미컬 물질과 관련된 화재는 경미한 화재는 존재하지 않고, 대부분 대형화재로 번질 가능성이 매우 크다. 케미컬 화재가 발생한 경우에는 선박의 일반 경보를 울려야 하며, 옆에 있는 경우 터미널에 관련된 화학 물질에 대해 알려야 한다. 터미널 통제실은 민간 소방대, 구조 발사, 의료 지원 및 구급차, 경찰, 항만 당국 및 도선사와 같은 외부 지원을 요청해야 한다. 화물 취급, 발라스팅, 탱크 클리닝 또는 벙커링 작업을 즉시 중지하고 모든 밸브를 닫아야 한다. 화재 근처의 갑판, 격벽 및 기타 구조물, 인화성 화물을 포함하거나 가스가 없는 인접한 탱크는 물로 냉각해야 한다. 항해 중인 경우에는 탱커는 화재의 확산을 제한하기 위하여 바람이 불어오는 방향에서 바람을 받을 수 있도록 조종해야 한다. 선박 또는 회사는 자체 화재 비상 계획을 하고 있어야 하며, 포함할 사항은 다음과 같다.

- 알람 활성화
- 화물작업 중지-밸브와 해치 닫음
- 비상 소화 조직
- 정박지 옆에 있는 경우 터미널 직원에게 경고하고 항만 당국에 경고 요청
- 항구에 정박하는 경우 항만 당국에 알림
- 다른 선박이나 선박이 옆에 있으면 경고

- 관련 화학 물질 및 화재가 번지면 위험할 수 있는 화학 물질을 파악
- 사용할 소방 장비 및 소화제를 선택
- 유독성 연기가 숙소로 유입될 수 있다는 사실에 주의를 기울이고, 대응에 필수적이지 않은 선원 또는 승무원의 대피

5.3.2. 케미컬 화물유출

케미컬 화물 유출이 발생하는 가장 빈번한 경로는 화물의 이송 작업 중 장비 고장 또는 부적절한 작업 운용이다. 따라서 케미컬 유출은 항구에서 발생할 가능성이 가장 크다. 케미컬 화물유출이 발생하면 즉시 다음의 조처를 해야 한다.

- 알람 활성화
- 모든 화물작업 중지하고 밸브와 해치 닫음
- 선석 옆에 있는 경우 터미널 직원에게 관련 화학 물질과 직원에게 발생할 수 있는 위험 알림
- 일반적으로 터미널 직원을 통해 현지 항만 당국에 알림
- 모든 거주 구역 출입문을 닫고 모든 환기를 중지
- 선박 메인 엔진과 타기를 대기

유출에 대한 대응에 영향을 미치는 주요 요인은 물론 관련된 화학 물질이지만 취해야 할 조치는 유출 상황과 크기 및 위치에 따라 달라진다. 케미컬 화물 또는 증기가 거주 구역 또는 기관실 공기 흡입구로 유입될 가능성이 있는 경우에는 일반적으로 유출에 대한 완전한 초기대응이 있어야 하며, 비상 대응 조직은 적절한 보호복과 호흡 기구를 착용하여 신속히 대응해야 한다. 비상 대응에는 항상 인원과 선박의 안전이 환경보호 보다 우선되어야 한다. 유출이 발생하면 가능하고 안전이 보장된다면 방출된 케미컬 화물을 슬롭 탱크 또는 기타 이동할 수 있는 탱크로 이송하거나 흡수성 재료를 사용하여 안전한 폐기를 위해 수집해야 한다. 그러나 안전에 의심스러운 경우 매우 많은 양의 물을 배 밖으로 배출시킴으로써 희석해야 한다.

케미컬 화물 유출이 소규모인 경우에는 위의 대응을 모두 수행할 필요는 없다. 그러나 선장은 현지 상황, 관련 케미컬 화물의 특성, 인원, 선박 구조 및 환경에 대한 잠재적인 위해를 항상 염두에 두어야 한다. 대부분 과잉 대응을 하는 것이 대응을 지연시키는 것보다 나은 선택이다.

5.3.3. 갑판 상 밸브 및 파이프 라인 화물 유출

갑판 파이프 라인, 밸브, 화물 호스 또는 로딩 암(loading arm)에서 케미컬 화물 유출이 발생하는 경우 해당 연결을 통한 작업을 중지하고 원인을 확인하여 결함을 해결할 때까지 상황을 즉시, 비상으로 처리해야 한다. 결함이 완화되고 방출된 케미컬 화물의 모든 위험이 제거될 때까지 작업을 다시 시작해서는 안 된다. 파이프 라인, 호스 또는 로딩 암이 파열되거나 넘치는 경우 모든 화물 및 벙커 작업을 즉시 중지하고 상황을 케미컬 화물 유출로 처리해야 한다.

5.3.4. 선박 내 탱크 케미컬 화물 유출

화물 탱크에서 빈 공간 또는 밸러스트 공간으로 케미컬 화물이 유출되면 자재나 장비가 손상될 수 있으며, 폭발성 대기 및 잠재적인 인명 위험을 초래할 수 있다. 취해야 할 조치는 관련된 제품 및 날씨와 같은 기타 상황에 따라 다를 수 있지만, 최소한 아래의 조치를 포함해야 한다.

- 관련된 제품(또는 장소) 및 관련 위험 식별
- 비상 대응에 필수가 아닌 인원은 대피
- 유출 위치 확인
- 가능하면 유출 탱크의 화물을 빈 탱크로 이송
- 항만 당국, 회사에 보고
- 시정 조치 시작

펌프실과 같은 밀폐된 공간에서의 유출은 가능한 경우 먼저 격리한 다음, 안전하게 폐기해야 한다. 유출된 화물이 산성인 경우 탄산나트륨 또는 특수 화학 물질로 중화할 수 있으나, 화학반응과 함께 발생하는 열을 고려해야 한다. 처리되지 않은 산성 화물의 유출은 빠른 부식이 뒤따를 수 있으므로 선박의 철강 영역으로 반응하는 것을 방지해야 하는데, 극단적인 경우 선체 부식으로 인해 선박이 침몰하는 경우가 발생할 수 있다. 시간이 허용되는 경우 관련된 가능한 위험에 대해 전문가의 조언을 구해야 하고, 케미컬 물질이 유출된 공간은 화물 공간으로 취급해야 하며 같은 예방 조치를 해야 한다. 수리를 시도하기 전에 가스를 제거해야 하며, 시정 조치는 회사와 상의 후 결정되어야 한다.

5.4. 화물의 비상 배출 또는 해상으로 투하

화물을 배출하는 것은 극도의 비상상황인 경우에 고려되어야 하는 조치이며, 해상에서 생명을 구하거나 선박 자체가 위험에 처한 경우에만 정당화될 수 있다. 안정성 및 예비 부력에 대한 사용 가능한 정보를 고려하여 모든 대안 옵션을 고려할 때까지 케미컬 화물을 배출 또는 해상으로 투하하기로 해서는 안 되며, 화물을 배출해야 하는 경우 다량의 인화성 또는 유독성 증기를 방출할 가능성이 있다. 비상 배출 또는 해상으로 투하하기 위해서는 아래의 조처를 해야 한다.

- 기관실에 경고해야 하며, 당시의 상황에 따라 기관실 해수 섭취량을 높은 수준에서 낮은 수준으로 변경하는 것을 고려
- 배출은 선 외 배출 밸브(overboard valve) 또는 씨 체스트 밸브(sea chest valve)를 통해서 이루어져야 하며, 가능하면 기관실 해수 흡입구 반대쪽에서 이루어져야 함
- 필수적이지 않은 유입구는 모두 닫아야 함
- 매니폴드(manifold) 또는 갑판에서 배출이 되는 경우 화물 호스를 수면 아래로 확장하여 수면 하에서 배출되도록 해야 함
- 주변의 가연성 또는 독성 가스 존재와 관련된 모든 안전 예방 조치 준수
- 주변 선박 정보에 대한 무선 경보 방송

우발적이든 고의적이든, 해상에서든 항구에서든, 해상으로 케미컬 화물을 배출하거나 발생시킬 수 있는 모든 사고는 해당 당국에 보고해야 한다. 각 선박은 SOPEP를 보유해야 하며, 유해 액체 유출을 포함하는 '선박해양오염비상계획(SMPEP)'을 통해 배출에 대한 보고 요건을 갖추어야 한다.

5.5. 선원에 대한 케미컬 화물 노출

선원 인체에 대한 독성 또는 부식성 증기 또는 액체에 대한 노출은 항상 비상사태로 취급해야 한다. 심각한 경우에는 구조대를 동원하고 구조 계획을 실행해야 하며, 응급 처치는 MSDS(Material Safety Data Sheet)에 명시된 지침을 따라 수행되어야 한다. 일반적인 지침은 IMDG code(The International Maritime Dangerous Goods Code) 의 MFAG(Medical First Aid Guide for Use in Accidents involving Dangerous Goods)에 위험물 관련 사고에 대한 의료 응급 처치 가이드가 제시되어 있다. 선장은 노출의 심각성을 평가하고 의료 조치와 관련한 전문가의 조언을 구해야 한다.

5.6. 기타 상황에 대한 대응

접안해 있는 상황에서 터미널 경보음이 울리거나 터미널에서 비상사태를 통보받은 경우 비상사태에 관여하지 않는 선박은 상황이 악화될 가능성에 대하여 대비해야 한다. 모든 화물, 벙커링 및 밸러스팅 작업을 중단하고, 갑판에서 당직 인원을 철수하고, 소방 능력을 준비 상태로 전환한다. 즉시 사용할 수 있도록 엔진, 타기 및 계류 장비를 준비가 되어야 하며, 필요하면 비상 대피를 고려해야 한다.

터미널의 케미컬 탱커에서 통제할 수 없는 비상상황이 발생하면 선석에서 철수를 고려해야 하며, 인근 선박 및 인접 설비에 대한 위험을 증가할 수 있는 조치를 피해야 한다. 이러한 상황에서는 가장 먼저 생명의 안전을 최우선으로 고려해야 한다.

5.7. 비상 대응 장비와 훈련

비상 대응을 위한 장비는 항상 사용할 수 있는 상태를 유지하도록 주기적으로 점검해야 하며, 각각의 장비별로 점검 항목이나 점검 일자는 기록으로 남겨두어 적절한 관리를 하고 있다는 증명이 되어야 한다. 장비의 검사와 유지 보수 관리의 목적은 필요하면 언제든 사용이 가능한 상태를 확보하는 것이다. 장비의 비상상황 시 이용을 고려하여 접근, 식별, 작동에 있어서 현재의 배치가 적합한지 고려하는 것이 중요하다. 비상 대응 계획과 절차가 잘 갖추어져 선내에 문서화되어 있다고 할지라도, 선원들이 계획에 대한 절차를 숙지하지 못하거나 이해하지 못한다면 대응이 어려워진다. 그래서 교육과 훈련을 통해 선원들은 이러한 비상 대응 절차에 익숙해야 하며 비상상황 발생 시 필요한 행동을 잘 숙지하고 있어야 한다. 교육과 훈련은 규칙적인 간격으로 수행되어야 하며, 선원들은 이 과정을 통해 임무와 장비의 사용법을 체득하고, 선내 게시된 비상 배치표를 확인함으로써 비상 대응 능력을 향상시킬 수 있다.

III. 환경오염 방지

6.1. 케미컬 탱커와 환경오염 방지와 관련한 규정

케미컬 탱커와 관련하여 선박의 건조 및 장비, 해양오염방제 및 국제 해상 위험물 운반 코드 등에서 확인할 수 있다. SOLAS, Part B의 위험한 액체 화학 물질을 대량으로 운반하는 선박의 건설 및 장비에서는 IBC 코드에서 정의하는 케미컬 탱커에 대하여 정의하고 있으며, 동 코드 17장에 나열된 케미컬 탱커의 건조 또는 개조에 대하여 다루고 있다.

IMDG 코드에서는 해양오염물질을 제1급부터 제6.2급까지, 제8급 및 제9급에 배정된 다수 물질은 해양오염물질인 것으로 간주하여 부록에 분류하였다. 포장 목적상, 제1급, 제2급, 제5.2급, 제6.2급 및 제7급 이외의 물질과 제4.1급 중 자기반응성 물질 이외의 물질에는 해당 물질이 나타내는 위험도에 따라 다음의 3가지 포장등급(packing group)이 배정되며, 3단계는 아래와 같다.

- 포장등급 I (packing group I) : 고 위험성(high danger)을 나타내는 물질
- 포장등급 II (packing group II) : 중 위험성(medium danger)을 나타내는 물질
- 포장등급 III (packing group III) : 저 위험성(low danger)을 나타내는 물질

위험물에는 위험성 분류와 그것의 구성 성분에 따라서 유엔 번호(UN Number)와 정식운송품명(Proper Shipping Name)이 배정되는데, 유엔 번호는 전 세계적으로 통용되며, MSDS에도 품명이 다르더라도 같은 번호로 검색하여 적용하게 되어 있다. 흔히 운송되는 위험물은 IMDG 코드 제3.2장의 위험물 목록에 수록되어 있다.

위험물 목록의 각 품명(entry)에는 유엔 번호가 배정되며, 이 목록에는 위험성 등급, 부 위험성(들)(해당하면), 포장등급(배정된 경우), 포장 및 탱크 운송규정, 비상조치법(EmS), 격리 및 적재 방법, 특성 및 주의사항 등과 같은 각 품명에 대한 관련 정보도 포함되어 있다.

위험물 목록에 수록된 품명은 다음의 형태이다.

- 단일 품명(single entries) : 명확하게 정의된 물질 또는 제품에 대한 품명 : 예) 유엔 번호 1090 acetone(아세톤), 유엔 번호 1194 ethyl nitrite solution(아질산 에틸 용액)

- 포괄 품명(generic entries) : 명확하게 정의된 물질 또는 제품의 그룹(group)에 대한 품명 : 예) 유엔 번호 1133 adhesives(접착제), 유엔번호 1266 perfumery product(향수 제품), 유엔 번호 2757 carbamate pesticide, solid, toxic(카바메이트계 살충살균제, 고체, 독성), 유엔 번호 3101 organic peroxide type B, liquid(B형 유기과산화물, 액체)

- 특정 N.O.S. 품명(specific N.O.S. entries) : 특정의 화학적 또는 기술적 특성이 있는 물질 또는 제품의 그룹(group)에 해당하는 품명 : 예) 유엔 번호 1477 nitrates, inorganic, N.O.S.(질산염류, 무기물, 달리 특정된 품명이 없는 것), 유엔 번호 1987 alcohols, N.O.S.(알코올류, 달리 특정된 품명이 없는 것)

- 일반 N.O.S. 품명(general N.O.S. entries) : 1가지 이상의 급의 판정 기준을 충족하는 물질 또는 제품의 그룹(group)에 해당하는 품명 : 예) 유엔 번호 1325 flammable solid, organic, N.O.S.(기타의 가연성 물질, 고체, 유기물), 유엔 번호 1993 flammable liquid, N.O.S.(기타의 인화성 액체)

6.2. 해양오염 방지

MARPOL73/78 협약에서는 해양오염 방지를 위하여 기름, 위험물 등의 오염물질의 규제에 관한 내용을 다루고 있다. 여기에서 기름류를 제외하고 케미컬 탱커와 관련된 내용은 선박으로부터의 유해액체물질에 의한 오염 방지이며, 유해액체물질의 정의는 다음과 같다. "유해액체물질"이란 해양환경에 해로운 결과를 미치거나 미칠 우려가 있는 액체물질(기름을 제외한다)과 그 물질이 함유된 혼합 액체물질로 국토해양부령이 정하는 것을 말한다. 유해액체물질은 아래와 같이 다섯 가지로 분류된다.

- X류 물질 : 해양 배출되는 경우 해양자원 또는 인간의 건강에 심각한 해를 끼치는

것으로써 해양배출을 금지해야 하는 유해액체물질

- Y류 물질 : 해양 배출되는 경우 해양자원 또는 인간의 건강에 해를 끼치거나 해양의 쾌적성 또는 해양의 적합한 이용에 해를 끼치는 것으로써 해양 배출을 제한해야 하는 유해액체물질
- Z류 물질 : 해양 배출되는 경우 해양자원 또는 인간의 건강에 경미한 해를 끼치는 것으로써 해양배출을 일부 제한해야 하는 유해액체물질
- 기타 물질(OS) : 국제 코드의 오염분류에서 기타 물질로 표시된 물질로써 탱크 세정수 배출 작업으로 해양에 배출할 경우 현재는 해양자원, 인간의 건강, 해양의 쾌적성 그 밖에 적법한 이용에 위해가 없다고 간주되어 X류, Y류 및 Z류의 범주에 해당되지 아니한 것으로 알려진 물질
- 잠정평가물질 : X, Y, Z류 및 기타 물질로 분류되어 있지 아니한 액체물질

위와 같은 유해액체물질의 오염 방지를 설비하기 위하여 케미컬 탱커에는 스트리핑장치(X, Y, Z류), 예비클리닝장치(X, Y류), 유해액체물질선박평형수 등의 배출관장치(X, Y, Z류), 수면하 배출장치(X, Y,Z류), 통풍클리닝장치(X, Y, Z류) 등이 설치되어야 한다. 유해액체물질 또한 기름류와 마찬가지로 선박에서의 오염 예방과 대책이 필요하며, 기본적으로 유류오염에 유해액체물질에는 유출한 화물의 특성을 반영한 대책이 추가로 반영된다. 비상 대응에서 서술한 바와 같이 선박에 필요한 오염방지설비를 확보하고 항상 정상작동이 될 수 있도록 점검 및 정비를 철저히 해야 한다.

유해액체물질이 누출된 것을 발견한 최초 발견자는 다음 사항을 보고해야 한다.

- 항해 중이거나 정박 중에 본선으로부터 유해액체물질이 배출되거나 배출의 위험이 있는 고장이 발생한 경우를 발견한 선원은 가장 빠른 방법으로 본선의 책임자에게 그 사실을 보고해야 한다.
- 탱크의 클리닝 후 클리닝 수를 배출하는 경우에는 협약에 명시된 거리와 농도 이하로 배출해야 한다.

• 선박 평형수는 입출항 전후는 필히 평형수 탱크를 측심하여 이상 유무를 확인해야 하며, 배출 규정에 적합하도록 규정된 절차에 따라 처리한다.

화물의 잔류물에 대한 배출 규정은 아래 〈표 6-1〉과 같다. 화물 잔류물이나 잔류물과 물의 혼합물 및 X, Y 또는 Z류의 화물, 선박평형수, 탱크 세정수, 또는 이러한 물질을 함유하고 있는 기타의 혼합물은 부속서 2의 규정에 일치하지 않는 한 해상에 배출을 금지한다. 모든 배출되는 위의 폐수들은 수면 하 배출구를 통해 수면 하에서 배출하고 (2007년 이전에 건조된 선박이 Z류를 배출하는 경우를 제외하고) 가장 가까운 육지로부터 12해리 이상 떨어진 수심 25미터 이상의 장소에서 자항선의 경우 선속 7노트 이상, 비 자항선의 경우 선속 4노트 이상의 속력으로 항해 중에 배출해야 한다. 또한, 남극 해역(남위 60'S 이남 해역)은 배출이 금지된다. 분리 평형수 탱크나 또는 평형수가 전에 운송한 물질의 1ppm 미만을 포함할 정도로 세정된 화물탱크에 유입된 선박 평형수는 배출이 허용되고, 가장 가까운 육지로부터 12해리 이상 떨어진 수심 25미터 이상인 곳에서 배출이 가능하다.

After discharging, residues in certified tanks and associated piping shall not exceed the following:	Ship construction date	Categories	Resides (litres)
	Before 1 July 1986	X, Y	No more than 300
		Z	No more than 900
	From 1 July 1986 to 31 Dec. 2006	X, Y	No more than 100
		Z	No more than 300
	After 31 Dec. 2006	X, Y, Z	No more than 75

〈표 6-1〉 화물 잔류물 배출 규정

6.3. 환경오염 사고 시 대응절차

유해액체물질 취급 시 오염사고에 대한 대응 절차는 기본적으로 유류오염의 절차에 화물의 특성을 반영하여 대응이 이루어진다.

1) 유해액체물질 취급 시 누출이 발생할 경우, 가능한 신속한 방법으로 당해 작업을 중지하여 유해액체물질의 유출이 더이상 되지 않도록 하고, 이미 유출된 유해액체물질은 적절한 방제작업을 시행하고, 기름유출 원인이 확인될 때까지 이송 등의 작업은 재개하지 않도록 한다. 〈그림 6-1〉은 유류 누출에 대한 방제작업을 보여주며, 유해액체물질이 연안에 누출되는 경우 즉시 해양경찰 또는 전문가의 도움을 요청해야 한다.

〈그림 6-1〉 환경오염 사고의 예시

2) 파이프 라인으로부터 누출이 생기면 즉시 파이프 라인의 압력을 저하시키고 파이프 내의 유해액체물질을 중력이나 펌핑에 의해 탱크로 이송시키고, 이미 유출된 유해액체물질은 적절한 방제작업을 해야 하며, 화재 및 폭발에 대한 조치를 취한 후

누유부를 수리해야 한다. 〈그림 6-2〉는 유류오염에 대한 방제작업의 사진을 보여 준다.

〈그림 6-2〉 방제 작업의 예시

3) 화물 탱크로부터 유해액체물질이 넘쳤다면 지체없이 펌프를 정지시키고 관련 밸브를 폐쇄하고 넘친 탱크의 화물은 다시 넘치지 않도록 다른 탱크로 이송한다. 그리고 이미 유출된 화물은 그 확산을 막고 적절한 방제작업을 해야 한다.

4) 본선에서 사고가 발생했을 경우에는 인명안전 확보를 가장 우선으로 하고, 사고 상황을 정확히 판단하여 본선의 안전을 충분히 고려해야 한다. 안전이 확보된 후에 유해액체물질의 유출을 최소화하기 위하여 조치를 취해야 하며, 필요시 본선의 펌프를 이용하여 다른 탱크 혹은 육상으로의 이송을 고려해야 한다.

5) 오염사고가 발생한 경우에는 케미컬 안전 장구를 활용해야 한다. 상황에 따라 탱크에 유경화제를 사용하거나 기름류가 유출된 경우 오일펜스를 이용하여 확산을 막는 등 상황에 따라 적절한 방제를 해야 한다. 또한 신속한 보고를 하여 육상 전문가의 지원을 받도록 해야 한다. 그리고 〈그림 6-3〉과 같은 소제에 사용된 장비는 적법하게 처리해야 한다.

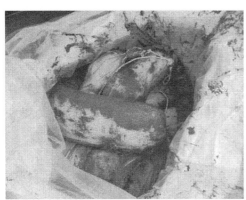 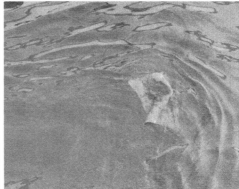

〈그림 6-3〉 소제 후의 폐기물

Part 2
CHEMICAL TANKER

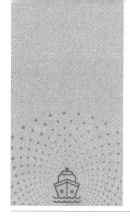

제1장
케미컬 탱커의 개요

1. 케미컬 탱커의 개요

케미컬(Chemical) 탱커는 모든 액체 화학 물질을 대량으로 운송하기 위해 제작 또는 사용되는 화물선이다. 케미컬 탱커는 SOLAS(The international Convention for the Safety of Life at Sea) 제8장 Part B에 설명된 다양한 안전 측면을 준수해야 하고, MARPOL(International Convention for the Prevention of Pollution from Ships) 부속서(Annex) II에 정의된 바와 같이 IBC 코드(International Bulk Chemical code)를 준수해야 한다. 케미컬 탱커는 산업 화학 물질 및 청정 석유 제품뿐만 아니라 야자유, 식물성 기름, 수지, 가성 소다 및 메탄올과 같은 높은 수준의 탱크 세척이 필요한 다른 유형의 민감한 화물을 운반한다. 케미컬 화물의 대부분은 인화성 및 독성을 포함하고 있으므로 위험하기 때문에, IBC 코드에서는 화학 제품을 대량으로 운반하는 선박, 즉 케미컬 탱커를 〈표 1-1〉과 같이 Type 1, Type 2 및 Type 3의 세 가지 유형으로 분류하였다. 대부분의 Type은 2,3이며 〈그림 1-1〉과 같은 모습을 보인다.

분 류	규 정
IMO TYPE 1	Type 1은 화물 누출을 방지하기 위해 최대한의 예방 조치가 필요한 매우 심각한 환경 및 안전 위험이 있는 제품을 운송하기 위한 유조선으로 정의하였다. 따라서 ST1 선박은 가장 엄격한 손상 안정성 기준을 충족해야 하며, 화물 탱크는 외판에서 규정된 최대 거리에 위치해야 한다.
IMO TYPE 2	Type 2는 이러한 위험성이 있는 화물의 탈출을 막기 위해 상당한 예방 조치가 필요한 매우 심각한 환경 및 안전 위험이 있는 제품을 운송하려는 유조선으로 정의하였다.
IMO TYPE 3	Type 3은 손상된 상태에서 생존 능력을 높이기 위해 적당한 수준의 격리를 요구하기에 충분히 심각한 환경 및 안전 위험이 있는 제품을 운송하기 위한 유조선으로 정의하였다. 대부분의 화학 탱커는 IMO Type 1 화물의 양이 매우 제한적이기 때문에 IMO Type 2 및 Type 3으로 분류된다.

〈표 1-1〉 케미컬 탱커 분류

현대식 케미컬 탱커는 〈그림 1-2〉와 같이 이중 선체 구조를 특징으로 하며 대부분은 독립적인 배관이 있는 각 탱크에 대해 유압 구동식 수중화물 펌프 1개를 갖추고 있다. 일반적으로 탱크에는 프라모(Framo) 펌프가 설치되어 있으며, 각 탱크는 혼합 없이 별도의 화물을 적재 할 수 있게 설치되어 있다. 이러한 작업 공간을 〈그림 1-2〉의 아래와 같이 CCR(Cargo Oil Control)이라 부른다. 결과적으로 많은 케미컬 탱커는 동일한 항해에서 수많은 다른 등급의 화물을 운반 할 수 있으며, 이러한 "파셀(parcel)"을 다른 항구나 터미널에서 적재 및 양하 할 수 있다. 즉 이러한 선박의 일정, 적재 계획 및 운영에는 해상 및 해안 모두에서 높은 수준의 조정과 전문 지식이 필요하다.

〈그림 1-1〉 케미컬 탱커 외관

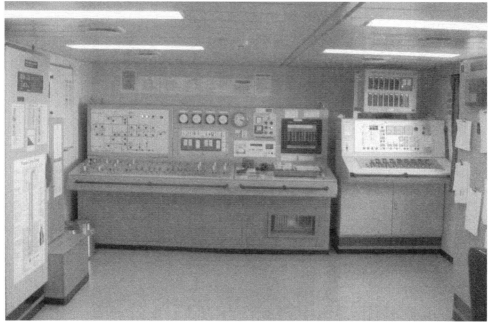

〈그림 1-2〉 갑판 구역과 CCR

화물 양하 후 탱크 클리닝은 케미컬 탱커 작업에서 매우 중요한 작업이다. 케미컬 잔류화물은 다음 적재할 화물의 순도에 악영향 또는 오염을 발생할 수 있기 때문이다. 탱크를 클리닝하기 전에는 적절히 탱크 내부를 환기하고 잠재적인 폭발성 가스가 없는지 확인해야 한다. 케미컬 탱커는 일반적으로 화물 탱크 내부가 아니라 갑판에 가로 보강재를 사용하여 탱크 벽을 매끄럽게 만들었기에 영구적으로 장착된 탱크 클리닝 머신을 사용하여 쉽게 청소할 수 있다. 비어 있거나 채워진 화물 탱크는 일반적으로 불활성 가스 (inert gas) 블랭킷(blanket)으로 폭발의 위험성으로부터 보호된다. 종종 불활성 가스로 보틀(bottle)로 공급되는 질소나 질소 생성기를 사용한다.

대부분의 신형 케미컬 탱커는 일본, 한국 또는 중국의 조선 업체와 터키, 이탈리아, 독일 및 폴란드의 제조업체가 건조하고 있다. 화물 탱크 건설에 필요한 정확도로 스테인리스 스틸을 용접하는 것은 습득하기 어려운 기술이므로 현재까지는 일본 조선 업체만 스테인리스 스틸 케미컬 탱커의 기술을 가지고 있는데, 그로 인해 건조 단계에서는 일본 조선 업체의 기술력이 투입되어야 한다. 주요 케미컬 탱커 운영은 MOL Chemical Tankers, Stolt-Nielsen, Odfjell, Navig8 및 Mitsui O.S.K가 있으며, 용선업자에는 석유 메이저, 산업 소비자, 상품 거래자 및 전문 화학 회사가 포함된다.

2. 탱크의 코팅 및 구성 재료

케미컬 탱커에는 일반적으로 〈그림 1-3〉과 같이 페놀 에폭시(penol epoxy), 아연 (zinc) 페인트 및 마린 라인(marine line)과 같은 특수 코팅으로 코팅되거나 스테인리스 스틸(stainless steel)로 만들어진 별도의(individual) 화물 탱크가 있다. 케미컬 탱커는 화물의 복잡성과 특수성으로 인해 매우 특별한 유형의 선박이며, 황산, 가성 소다, 아세트산 및 버진 나프타와 같은 극도로 부식성이 강한 화물을 운송 할 수 있다. 케미컬 탱커의 구성 재료는 탱크 구조물의 부식방지와 화물의 품질을 보증하기 위해, 코팅 또는 화물 탱크 재질에 따라 특정 탱크가 운반 할 수 있는 화물 유형이 결정된다. 황산 및 인산과 같은 공격적인 산성화물을 운반하기 위해서는 스테인리스 스틸로 구성된 탱크가 필요하며, 식물성 기름과 같은 '쉬운' 화물은 에폭시 코팅 탱크로도 운반 할 수 있다. 코팅 또는 탱크 재료는 탱크 클리닝(cleaning) 속도 및 클리닝 방법에도 영향을 미치는데, 일반적으로 스테인리스 스틸 탱크가 있는 선박은 더 넓은 범위의 화물을 운반 할 수 있으며, 더 빠르게 청소할 수 있다. 하지만 스테인리스 스틸 탱크는 일반적으로 특수 코팅 탱크보다 더 비싼 비용을 지불해야 한다. 일반적으로 스테인레스 스틸은 부식성이 없고 청소가 용이한 이상적인 건축 자재로 간주되어 사용 편의성은 우수하나, 마린라인 코팅의 첫 번째 적용 비용과 비교하면 스테인리스 스틸 비용의 1/4이므로 탱크를 구성할 때 가장 크게 고려해야 하는 사항이다.

(a) Stainless steel   (b) Epoxy

(c) Zinc silicates   (d) Marine Line

〈그림 1-3〉 케미컬 탱커 코팅 종류

2.1 스테인리스 스틸

스테인리스 스틸은 크롬 고 합금 내식 강 전체에 부여되는 총칭이며 주요 합금 원소는 크롬이다. 스테인레스 스틸 코팅은 일반적으로 화물 탱크 코팅, 히팅 코일, 사다리, 지지대, 케미컬 탱커의 펌프에 사용된다(Vadakayil, 2010).

스테인리스 스틸 코팅은 탱크 클리닝 작업이 다른 코팅보다 쉬운 장점이 있다. 케미컬 화물이 코팅 내부로 흡수되지 않는 장점이 있기 때문에, 일반적으로 일부 화물의 경우 탱크 클리닝에서 깨끗한 물만 청소하는 것으로 종료되는 경우도 있다(Çakıroğlu, 2017).

스테인리스 스틸은 종류가 다양하며, 중화학 물질에 대한 내성이 가장 높고 가장 비싼 탱크 코팅 유형, 부식에 가장 내구성 있는 유형 등이 있다(Gündoğan, 2017). 스테인리스 강으로 코팅된 화물 탱크를 사용하는 케미컬 탱커는 같은 화물을 실어도 다른 화물 탱크 코팅 유형보다 화물 운임료가 일반적으로 더 높으며, 스테인리스 스틸 코팅 탱크로만 운송 할 수 있는 화물이 다른 화물보다 더 가치있는 화물이라는 것을 분명히 알 수 있다(Aydın, 2017). 스테인레스 스틸 탱크 코팅의 유지 보수 비용은 다른 코팅과 비교하여 많지 않다(Soykan, 2017).

2.2 에폭시

에폭시 화물 탱크 코팅은 운반되는 제품, 특히 제한된 적합성만 가진 케미컬 화물을 운반할 수 있다. 알코올, 에스테르, 케톤은 에폭시 코팅을 부드럽게 만들기 때문에, 화물의 양을 줄일 수 있다(Salem, 1996). 에폭시 코팅은 알칼리, 글리콜, 해수, 동물성 지방 및 식물성 기름의 운반과 호환되지만 벤젠 및 톨루엔과 같은 방향족 물질, 특히 에탄올 및 메탄올인 알코올의 운반에 제한적이다. 이러한 코팅은 산가가 10을 초과하지 않는 경우 (즉 5%의 유리 지방산 함량) 동물 및 식물성 기름의 운송에도 적합하다. 단, 산가가 10~20인 유지류는 제한된 운송 시간에만 허용된다(Corkhill, 1981). 에폭시 코팅은 가장 저렴한 코팅 유형 중 하나이다. 초기 비용은 네 가지 중 두 번째로 저렴하고 코팅 작업에 약간의 시간이 필요하다. 그러나 마린라인보다 일반적으로 성능이 낮으며 (Gündoğan, 2017), 코팅 후 처음 3개월이 지나도 부식성 액체에 충분히 견딜 수 없고, 코팅에 손상을 줄 수 있는 화물은 운송에 허용되지 않는다. 에폭시 코팅은 표면 처리가 필요하기 때문에 매우 어려우며, 표면 처리가 잘 되지 않는 부분에서는 부식이 해당 표면에서 빠르게 발생한다(Gündoğan, 2017).

2.3 아연

아연 규산염은 일반적으로 강철과 부식물 사이의 약한 장벽 역할을 하는 코팅이다. 이는 규산 아연이 강산, 염기, 알칼리 및 해수에도 내성이 없어 느리게 악화되는 효과가 있음을 의미한다. 규산 아연의 운송이 가능한 범위는 pH는 5.5~10이며, 벤젠 및 톨루엔과 같은 방향족 탄화수소, 알코올 및 케톤이 화물 운송에 적합하다. 또한 식물성 및 동물성 지방의 운송은 탱크 표면에 습기가 없는 경우 할로겐 화합물의 운송이 적합하기 때문에 적합하지 않다(Gündoğan, 2017).

아연 코팅 탱크에서 클리닝 할 화물이 가솔린 또는 식물성 기름류 화물이고, 다음 화물이 메탄올 또는 MEG인 경우 청소 작업은 다른 코팅에 비해 비용이 많이 들고 복잡한 작업이 이루어져야 한다. 이때에는 특수한 안전 클리닝 화학 물질만 사용할 수 있으며, 이러한 물질의 사용이 클리닝 비용을 증가시킨다. 아연 코팅은 최초 적용 시 가장 저렴한 화물 탱크 코팅 유형이며, 에폭시, 마린라인 및 스테인리스 스틸 코팅보다 시공 시간이 가장 짧다(Çakmaz, 2017).

2.4 마린라인

APC(Advanced Polymer Coatings) 마린라인 784는 대부분의 IBC 승인화물 운송과 관련하여 케미컬 탱커 시장에 고유한 마린라인 코팅을 제공한다. 마린라인 784는 분자당 28개의 작용기로 설계 및 엔지니어링 된 폴리머로 제조되어 높은 기능성을 제공한다. 열을 이용하여 경화하며, 이때 마린라인 784 코팅은 최대 성능을 발휘하는 최대 784개의 교차 연결로 3차원 스크린과 같은 구조를 형성하며 코팅이 된다. 이러한 조밀한 분자 구조는 페놀 에폭시를 능가하며, 더 높은 내 화학성, 내열성, 낮은 온도에서 더 높은 반응성, 흡수 내성 등을 갖게 한다. 일반적으로 에폭시 및 아연 탱크 코팅에 비해 더 빠른 탱크 클리닝을 수행할 수 있다.

마린라인의 초기 비용은 스테인리스 스틸보다 훨씬 저렴하고 규산 아연 및 에폭시 코팅보다 비싸다. 초기 비용은 스테인리스 스틸 초기 비용의 약 1/4이며, 에폭시 및 아연 코팅보다 시공 시간은 길며, 스테인리스 스틸보다 적다(Erzurumlu, 2017).

마린라인 코팅은 정기적인 탱크 코팅에 대한 검사와 유지 보수가 필요하다. 본선에서 부분적으로 수리 키트를 이용하여 수리를 할 수 있으나(Balta, 2017), 코팅이 빨간색으로 손상이 발생하기 시작하면 전체를 재코팅을 하는 경우가 발생 할 수 있다. 마린라인 코팅의 유지 관리 요점은 승인된 화학 물질만 운반하는 것이다.

3. 케미컬 탱커 구조

탱크 구조는 IBC 코드에 따라 운송하려는 특정 화물에 관계없이 케미컬 탱커로 인증되기 전에 선박이 충족해야 하는 요건을 충족해야 하며, 탱크의 설계자는 요구되는 기준을 준수해야 한다. 더 까다로운 요구 사항을 준수하는 선박이면, 그 선박은 더 위험한 화물을 운반할 수 있다. IBC 코드에 언급되는 화물을 운송하기 전에 충족해야 하는 기본 요건은 선박의 일반 구조(General Arrangement)와 관련이 있다. 유조선과 마찬가지로 거주 구역과 기관실은 화물 탱크 뒤쪽에 위치해야 하며, 기관실을 더 분리하기 위해 화물 공간의 앞 뒤 끝 부분에 코퍼 댐이 필요하다. 만약 사고 발생 시 해양으로 방출 될 경우 환경에 심각한 위험을 초래할 수 있는 화물은 해수와 인접한 경계가 없는 탱크로 운송되어야 한다. 또한 최소한의 안전에 위해를 끼치는 화물은 선박 외판에 인접한 탱크에서 운송 할 수 있다. 현대식 케미컬 탱커는 주로 현재 IMO Bulk Chemical Code에 포함된 수 백 개의 위험 화물을 운반하도록 설계되었으며, 다음과 같은 일반적으로 분류하는 것과 IBC 코드에 따른 분류로 구분된다. IBC 코드는 4가지 화물 탱크를 구분하였는데, 4가지는 통합적 탱크, 독립형 탱크, 중력식 탱크 및 압력식 탱크로 구분된다 (Escola superiror na'utica infante D. Henrique, 2011).

1) 파셀(pacel) 케미컬 탱커 : 일반적으로 여러 개의 소형 화물 탱크 (최대 54개)가 장착되며, 40,000톤까지의 고급 케미컬 화물의 작은 파셀을 운반한다. 이 선박은 스테인리스 스틸로 만들어진 화물 탱크가 대부분이며, 품질 보호가 필요한 화물을 최대한 유연하게 운송 할 수 있다.

2) 제품 케미컬 탱커 : 파셀 케미컬 탱커와 크기가 비슷하지만 대부분 스테인리스가 아닌 코팅된 강철로 된 소형 화물 탱크로 구성되어 있다. 이러한 선박은 운송의 난이도가 덜 어려운 화학 물질을 운반하고 깨끗한 석유 제품과 광범위하게 운반한다.

3) 특수 케미컬 탱커 : 중소형 선박, 종종 전용 화물 계약을 통해 전용선으로 운용되며, 일반적으로 산, 유황, 인, 메탄올, 과일류, 야자유 또는 와인과 같은 단일 화물을 운반한다. 화물 탱크는 화물에 따라 코팅 또는 스테인리스 스틸로 되어 있다.

3.1 통합적 탱크

탱크 구조물(벽, 바닥, 천장 등) 자체가 선체 구조의 일부로 선체 강도를 유지하며, 통합적 탱크는 케미컬 탱커에서 사용되는 가장 공통적인 탱크의 형태이다.

3.2. 독립형 탱크, 중력식 탱크 및 압력식 탱크 방식

선체 구조물과는 별도로 탱크를 이루고 있는 것으로, 중력식과 압력식 두 가지가 있다. 중력식 탱크 방식은 화재 위험성, 부식성, 유독성 등이 매우 높은 화물이나 고온 상태(160°C 이상)의 화물을 운송한다(이산화탄소, 염산, 인, 염화프로필렌 등). 이들 화물 탱크 주위에는 방열재 등의 온도차단을 위한 설비가 되어 있고, 탱크 내부면은 평탄하게 만들어져 있다. 압력 탱크식은 0.7(bar gauge)이 훨씬 넘어서는 압력에 견디도록 설계되었으며, 케미컬 탱커에서는 흔하지 않다.

4. 케미컬 탱커 운용 특성

케미컬 탱커는 부정기선에 일반적으로 운용되며, 구매자와 판매자가 특정한 제품의 수송에 대한 가격과 조건을 협상하여 화물을 운반하게 된다. 운용 방식은 Table 2와 같이 스팟 용선, 장기화물계약, 정기용선 등으로 구분된다. 각각의 운용방식은 차이점이 있으며, 용선자의 상황에 따라 적합한 방법이 사용된다.

〈표 2〉 케미컬 탱커 운용 방식

운용방식	주 내용
스팟 용선	단일 화물이나 복수 종류의 화물수송을 위한 단일 항해 용선 한 지점에서 다른 지점으로 특정 화물의 수송 가격은 스팟 화물 요율로 결정 단기 중개매매 가능성 활용
장기 화물계약	정해진 기간 동안 단일 또는 복수 제품의 수송을 위한 용선주와 선주 사이의 계약 12개월 또는 24개월 기간 계약이 전형적이며, 케미컬 운송의 약 50% 차지 정해진 루트의 정해진 화물을 규칙적으로 운송하는 것이 일반적 선주는 안정적인 선박운항 보장
정기 용선	선주는 선박을 통제, 관리하며 용선주는 항만을 선택하고 선박의 진로 결정 용선주는 모든 항해 비용을 부담하며, 선박 소유주에게 일 단위의 용선료 지불 용선주는 필요로 하는 서비스를 충족시킬 수 있으나 요율 변동 등 시장 환경 변화에 대처 미흡

(출처 : 남언욱, 케미컬 탱커 운용특성에 관한 실증분석, 한국해양대학교, 2015)

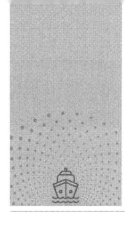

제2장
화물의 특성

　이 장에서는 화물의 성질 및 특징을 결정짓는 물리적인 요소들에 대하여 설명하고자 한다. 이들 물리적 요소들은 화물량 계산과 화물의 화재, 폭발 등 위험성을 판단하는 주요한 요소들이므로 이들 물리적인 용어의 의미를 정확하게 이해하는 것이 필요하다. 케미컬 탱커에서 운반하는 화물은 일반적으로 네 가지 그룹으로 나눌 수 있다.

1) 화학 케미컬 : 석유 케미컬 원유, 천연 가스 및 석탄에서 파생된 유기 화학 물질의 총칭을 일컫는다. 유기 화학 물질은 살아 있거나 한 번 살았던 유기체, 석유 및 천연가스(해양 동식물) 및 석탄(식물)에서 생산되는 것으로, 이 서적에서는 이 부분은 오일 탱커에서 다루어진다.
2) 알코올과 탄수화물 : 알코올은 탄화수소에서 파생되거나 발효에 의해 생성된다.
3) 식물성 및 동물성 기름과 지방 : 식물의 씨앗과 동물과 물고기의 지방에서 추출되는 기름과 지방이 화물에 포함된다.
4) 산 및 무기 화학 물질 : 무기 화학 물질은 살아 있는 유기체 또는 한 번 살았던 유기체에서 생산되지 않는 화학 물질을 의미한다. 유기 화학 물질은 주로 탄소-수소 결합이 포함되어 있는 화합물의 화학을 다룬다고 한다면 무기 화학 물질은 전이 금속, 희토류 금속과 이의 유기 화합물과의 반응에 초점을 맞춘다. 이 분야는 유기 화학 물질을 포함하는 무수한 유기 화합물(대개 C-H결합 화합물)을 제외한 모든 화학 화합물을 포괄한다.

1. 화물의 기초

1.1 밀도 및 비중

원유, 제품유 및 화학제품 생산지 및 종류 등에 따라 고유한 밀도와 비중을 가지므로 화물의 물리적 특성을 알 수 있으며, 특히 화물량 계산에 많이 사용된다.

1.1.1 밀도(Density)

밀도(ρ)란 물질의 특성 중 하나로 단위 체적(V) 당 물질의 질량(m)을 의미한다. 밀도는 적은 부피에 많은 질량을 차지할수록 높아져서, 고체>액체>기체 순으로 같은 물질의 밀도가 변하게 된다.

$$밀도 = \frac{물질의\ 질량}{물질의\ 체적}\ [kg/m^3]$$

1.1.2 비중량(Specific weight)

비중량은 단위 체적 당 물질의 중량으로 정의된다.

$$비중량 = \frac{물질의\ 중량}{물질의\ 체적}\ [kg_f/cm^3]$$

1.1.3 비중(Specify gravity : S.G.)

비중은 4°C의 물과 같은 체적을 갖는 다른 물질과의 비중량, 또는 밀도와의 비를 비중이라 한다. 물의 비중은 1이며, 액체의 체적은 온도에 따라 변하므로, 액체의 비중은 그 온도를 나타내야 한다. 즉 화물의 적재 체적(부피)에 비중을 곱하면 화물의 중량을 알 수 있다. 화물 탱크는 설계된 압력보다 높은 비중을 사용하면 안 되며, 선장은 화물 탱크를 보호하기 위하여 증기압이 설계 압력을 넘겨 사용되지는 않는지 확인을 해야 한다. 고 비중의 화물을 적재하는 경우 선장은 탱크에 미치는 유동수 영향 및 수격현상 및 빈 탱크의 안정성 및 복원성을 고려해야 한다.

1.1.4 에이피아이(API) 비중

미국석유협회(American Petroleum Institute, API)에 의해 만들어진 석유류의 비중 표시법이다. API 비중은 60°F의 온도를 기준으로 하고 있으며, 비중과의 관계는 다음과 같다.

$$API비중 = \frac{141.5}{S.G 60/60^o F} - 131.5$$

API 비중은 비중에 반비례하여 API 비중의 수치가 높을수록 낮은 비중(S.G.)을 의미한다. 선박에서 API 비중계로 측정은 가능하지만, 대부분 선박에서 측정하지 않고 터미널에서 측정하여 API 비중 증명서를 이용하여 사용한다. 화물의 체적에 석유표 Table 13에서 해당 API 비중의 수치를 곱하면 메트릭톤(metricton, M/T)을 석유표 Table 11에서 해당 API 비중의 수치를 곱하면 롱톤(Long ton)을 구할 수 있다.

1.2 온도

화물의 온도는 유증기 발생, 화물의 체적 및 압력 등에 많은 영향을 미치는 중요한 요소이다. 또한 비중을 통해 화물량을 계산하기 때문에 필수 고려 요소이다. 온도는 섭씨, 화씨 및 절대온도 등이 있다. 이 중 선박에서는 일반적으로 액체 화물과 관련해서 화씨를 많이 사용한다.

1.2.1 화씨(Fahrenheit) 온도

화씨 온도는 영국이나 미국에서 주로 사용하며, 단위는 °F를 사용한다. 1기압의 대기에서 물의 어는점(0°C)을 32°F, 끓는점(100°C)을 212°F로 정하고, 이를 180등분한 온도 표시법이다.

1.2.2 섭씨(Celsius) 온도

1742년 스웨덴인 셀시우스(Cesius)에 의하여 제안된 온도 표시법으로 물의 어는점을 0°C, 끓는점을 100°C로 하여 그 사이를 100등분한 온도 표시법이다. 100등분하는 표시법이므로 센티그레이드(Centigrade) 온도라고도 불린다. 화씨와 섭씨간의 상호 환산식은 다음과 같다.

$$T°F = \frac{9}{5} \times t°C + 32$$

$$t°C = \frac{5}{9} \times (T°F - 32)$$

1.3 점도(Viscosity)

점도는 유체의 흐름에 대한 저항을 의미하며 일반적으로 인접하는 유체층 간에 작용하는 상대운동을 방해하는 성질이다. 그래서 운동에 대한 내부마찰 혹은 내부저항이라고 할 수 있다. 온도가 액체의 점도에 미치는 영향은 매우 커서, 온도가 높아지면 점도는 현저하게 감소한다.

1.4 연소와 폭발

연소란 물질이 공기 중 산소를 매개로 많은 열과 빛을 동반하면서 타는 현상으로 일반적으로는 불꽃을 내며 타는 현상을 의미한다. 어떤 물질이 연소하기 위해서는 〈그림 2-1〉과 같이 3가지 요소가 필요하다. 첫 번째 요소는 가연성 물질이다. 일반적으로 고체보다는 액체가, 액체보다는 기체가 더 잘 연소된다. 두 번째 요소는 발화원이며, 발화점 이상의 온도가 필요하다. 발화점이란 불꽃이 직접 닿지 않고 열에 의해 스스로 불이 붙는 온도로서, 연소를 위해서는 발화점 이상으로 온도를 높일 수 있는 열이 필요하다. 마지막으로 일정량 이상의 산소가 있어야만 연소가 일어난다. 이 세 가지의 조건 중 어느 하나라도 충족되지 못하면 애초에 연소반응이 일어나지 않으며, 설사 연소반응이 일어나고 있다고 하더라도 타고 있는 물질의 불은 꺼지게 되며, 이러한 현상을 소화라고 한다.

　폭발은 급속히 진행되는 화학반응에서 관여하는 물체가 급격하게 그 용적을 증가하는 반응을 의미한다. 그 조건은 연소의 조건을 갖추고 있으며, 또한 폭발물질이 산소와 화합하는 가연성 물질이고, 산소화합물이 혼합되어 있어야 한다. 폭발은 연소를 거쳐 진행되므로 폭발이 일어나는 조건은 연소가 일어나는 조건을 갖추고 있어야 한다. 즉 폭발물질은 산소와 화합하는 가연성 물질이거나 물질 자신이 산소원자를 함유하고 있던가 산소화합물이 혼합되어 있어야 한다. 또한 연소의 반응열이 빠르게 다량으로 발생하고 생성가스도 다량이어야 한다는 것도 조건이 된다.

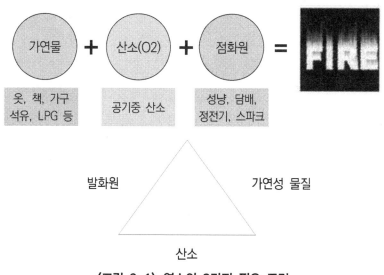

〈그림 2-1〉 연소의 3가지 필요 조건

1.5 폭발범위(Explosive Range)

　불이 붙을 수 있는 최저의 기체농도를 폭발 하한(Lower Explosivelimit; L.E.L)이라 하고, 불이 붙을 수 있는 최고의 기체 농도를 연소 상한(Upper Explosive limit; U.E.L)이라 한다. 탱커에서는 가연성 물질이 다량이기 때문에 연소가 발생하면 폭발적으로 반응한다. 그래서 일반적으로 연소범위와 폭발범위는 서로 일치한다. LEL과 UEL은 물리적 상수가 아니며 습도, 가연성혼합가스의 온도, 농도의 영향에 의해 변할 수 있으며, 〈그림 2-2〉와 같이 폭발한다.

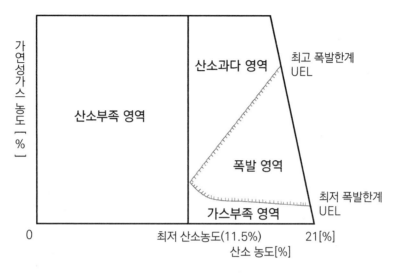

〈그림 2-2〉 폭발의 LEL, UEL

1.6 인화점, 연소점 및 발화점

1.6.1 인화점(Flash Point)

인화점은 가연성 증기를 발생하는 액체 또는 고체와 공기계에 있어서 기체상 부분에 다른 불꽃이 닿았을 때 연소가 일어나는데, 필요한 액체 또는 고체의 최저온도를 의미한다. 인화점 측정방법은 많은 형태의 것들이 있으나 크게 개방용기 인화점과 밀폐용기 인화점으로 분류된다. 개방용기 인화점은 액체의 표면을 대기에 계속 개방시킨 채로 액체를 가열하여 시험하며, 등유류와 인화점이 80°C를 넘는 중질 중유에 적용된다. 밀폐용기 인화점은 발화원을 가열할 때의 짧은 시간 동안을 제외하고는 액체 상부공간이 항상 밀폐된 채로 행하는 방법이다. 저인화점 석유인 가솔린과 대부분의 원유에 적용된다. 개방용기 인화점 시험에서는 인화점이 밀폐용기 인화점보다 약간(약 5°F 내지 10°F) 높다. 인화점은 휘발유는 -45℃, 벤젠 -11℃ 등이다.

1.6.2 연소점(Fire Point)

인화점에서 액체상부의 가스는 즉시 연소하여 액체 표면을 가열할 수 없어서 화염과 연소를 지속시킬 수 있는 충분한 새로운 가스를 기화시킬 수 없다. 그러나 온도를 상승 시키면 기화속도가 증가하여 화염전파속도에 이르고 결국 계속적인 연소가 일어날 수 있게 된다. 이때의 온도를 연소점 또는 연소온도라고 한다.

1.6.3 발화점(Ignition Point)

가연성 물질의 온도가 열에 의해 혹은 디젤 엔진에서와 같이 단열적으로 상승할 경우 일제히 연소가 시작된다. 이 온도를 자기연소온도 혹은 발화점(발화온도, 착화온도, 자연 발화온도)이라 한다.

1.7 응고점(Freezing Point)과 융해점(Melting point)

1.7.1 액체를 냉각하면 어느 온도에 이르러 조금씩 "응고"하여 고체로 변하게 된다.

1.7.2 순수한 고체를 가열하여 어느 온도에 이르게 된다면 조금씩 융해하여 마침내 전부 액체로 변하게 된다.

1.7.3 순수한 물질은 어느 특정한 온도(각 물질마다 정해짐)에서 액체상태와 고체상태를 천천히 냉각하거나 열을 가하면 그 특정온도에서 응고(Freezing) 또는 융해(Melting) 반응이 일어난다.

그 특정온도를 응고점(Freezing Point)과 융해점(Melting point) 이라고 한다.

1.8 증기압과 끓는점

증기압은 액체의 증발하려는 경향을 수치로 나타낸 것이다. 액체가 밀폐공간에 있을 때 일정 온도에서 영속적으로 미치는 증기의 압력이다. 온도 상승에 의해 증기압도 상승하며 액체의 포화 압력과 동등하게 되면 거품을 일으키면서 끓게 된다. 액체의 끓는점이란 주변 환경이 액체에 가하는 외부압력과 액체의 증발에 의한 증기압이 같아지는 온도이다. MSDS 상의 증기압은 규정된 온도에서의 절대압력이고 단위는 mmHg이다. 특별하게 규정되지 않는 이상 끓는점은 액체의 증기압이 표준 외부압력과 동일할 때의 온도이다.

증기 밀도는 공기의 상관관계로 표시하며, 선적 중이나 밀폐공간에 축적되어 있을 때 대기로 분산을 조절하는 주요인이다. 대부분의 유증기는 대기보다 무거워 대기 안정 상태에서 가라앉는 경향이 있다. 화물 증기 배출 시, 가능한 가장 높은 위치에서 배출하도록 하여 작업 장소에는 충분히 희석되어 인체에 유해하지 않도록 관리해야 한다. 특히 밀폐구역의 증기를 확인할 때 증기 성분이 바닥 부근에 축적될 수 있으니, 구역의 최저 구역에서부터 확인하여야 한다.

2. 케미컬 화물

2.1. 석유화학제품(Petrochemical product)

석유 또는 천연가스를 원료의 일부 또는 전부를 이용하여 얻어지는 각종 화학제품으로 석유계 제품 및 방향족 물질 등이 있다. 석유화학제품은 플라스틱류, 합성고무, 합성수지 및 클리닝제 산업의 기초 원료로 사용되고 있다.

2.1.1 석탄화학제품(Coaltar product)

석탄원료로 하여 얻어지는 화학제품으로 석유계 제품 및 방향족 물질이 있다.

2.1.2 당밀과 알콜류(Molasses and alcohols)

해상으로 수송되고 있는 당밀은 사탕수수로 만든 당밀(Cane molasses)과 사탕무로 만든 당밀(Beet molasses)이 있다. 대표적인 알콜류는 에틸, 메틸 및 프로필 알콜류가 있고, 이들 중 메틸알콜(메탄올)과 프로필알콜(프로판올)은 석유화학에서 만들어지지만 에틸알콜(에탄올)은 대개 녹말의 발효에 의해 만들어지며 연료 또는 용제, 화학원료로 사용되고 있다.

2.1.3 식물유와 동물지방(Vegetable oil and animal fats)

식물유는 다양한 종류의 식물의 열매에서 추출한 기름을 말하며, 주요 화물로서는 대두(Soya bean), 해바라기(Sunflower), 참깨(Sesame), 코코넛(Coconut), 야자기름(Oil palm) 등이 있으며 동물지방은 돼지기름, 소기름 및 각종 어류 등이 있다.

2.1.4 중질화학제품(Heavy chemical)

중질화학제품이란 대량생산, 대량수송 되어 모든 제조 산업분야에 반드시 소요되는 물질이라는 의미이며, 주로 광물성 산과 같은 무기화학물질을 말한다. 이들 중 가장 중요한 것으로는 황산(Sulphuric acid), 인산(Phosphoric acid), 질산(Nitrous acid), 가성소다(Caustic soda) 및 암모니아(Ammonia)로 다섯 가지 화물이다. 유기화학 물질로는 에틸알코올, 페놀, 포름알데히드, 아세톤, 초산 등이 있다.

2.2 케미컬 탱커 주요 화물

2.2.1 나프타(Naphtha)

나프타는 화학제품의 기본 원료로 사용되는데 나프타분해에 의해 생기는 에틸렌·프로필렌·부탄·부틸렌 유분·방향족 등에서 많은 석유화학 반응을 거쳐 합성수지·합성고무·합성섬유 등이 제조된다. 나프타 분해 외에 나프타의 접촉개질(接觸改質·방향족 전환)에 의한 벤젠·톨루엔·크실렌의 제조, 접촉수증기 개질을 거치는 메탄올의 합성, 직접산화에 의한 아세트산의 합성, 고온열분해로 생성되는 아세틸렌과 에틸렌에 염소를 반응시키는 염화비닐의 제조 등 많은 용도가 있다.

2.2.2 파라 자이렌(Para Xylene)

자일렌의 세 가지 이성질체 가운데 하나이자 휘발성인 가연성인 액체로 향기가 난다. 폴리에스테르계 합성섬유를 만드는데 주로 사용되며 폴리에스터 섬유 및 필름, 생수병 및 음료수병으로 사용되는 수지 등의 원료인 PTA 및 DMT의 원료로 사용된다.

2.2.3 윤활기유(Lube base-oil)

원유 정제 후 수첨반응공정을 거쳐 제조하는 것으로 윤활유 완제품의 80% 이상을 차지하는 윤활유 기초 원료로 여기에 첨가제를 섞어 자동차, 선박 및 산업용 윤활유 완제품을 만드는데 쓰인다.

2.2.4 벤젠(Benzene)

대표적인 방향족탄화수소계 화합물이자 가연성이 있는 무색액체로 냄새가 나며 발암물질이기도 하다. 유기합성 공업원료로 사용되며 휘발유의 옥탄가를 증가시키기 위한 첨가제, 합성세제 원료 및 각종 용제 등에 주로 많이 사용된다.

2.2.5 톨루엔(Toluene)

메틸벤젠이라고도 한다. 특이한 냄새가 나는 무색액체이자 유기합성화학에서 중요한 화합물로서 많은 물질을 합성하는 원료로 사용되며, 용매제로도 광범위하게 사용된다.

2.2.6 자이렌(Xylene)

달콤한 냄새가 나고 매우 가연성이 있는 무색의 액체로 경유 속에 1% 정도 함유되어 있다. 나프타의 접촉개질에 의해 대규모로 생산되며 옥탄값이 높아 가솔린에 배합하여 연료로 사용되며 주로 인쇄, 고무, 가죽 산업에서 용매제로 사용된다.

2.3 MSDS(Material safety data sheet: 물질안전보건자료)

2.3.1 MSDS 의미

MSDS(Material safety data sheet)란 다음과 관련된 통제 대상 제품에 대한 상세하고 포괄적인 정보를 제공하는 기술 문서이다.
1) 제품 노출의 건강 영향
2) 제품의 취급, 보관 또는 사용과 관련된 위험 평가
3) 노출 위험에 있는 근로자를 보호하기 위한 문서
4) 비상 절차

MSDS는 작성, 인쇄 또는 기타로 배포가 가능하며 WHMIS 법규의 가용성, 디자인 및 내용 요구 사항을 충족해야 한다. 이 법안은 디자인 및 문구의 유연성을 제공하지만 최소한의 정보 범주를 작성하고 특정 기준을 충족하는 모든 유해 성분이 위험 물질 정보 검토법에 따라 허용되는 면제 대상으로 나열 되어야 한다. 여기에서 WHMIS(The Workplace Hazardous Materials Information System : 작업장 위험 물질 정보 시스템)는 캐나다의 국가 작업장 위험을 관리하는 표준 시스템으로, 1988년 10월에 발효된

시스템의 핵심 요소는 WHMIS 통제 제품의 용기에 대한 주의 라벨링, MSDS 제공 및 작업자 교육 및 현장별 교육 프로그램이다.

2.3.2 MSDS 내용 및 예시

MSDS의 내용은 아래의 사항을 포함해야 하고, IMO에서는 2009년 MSC 86에서 'MARPOL ANNEX I'의 산적 유류화물 및 해상(선박) 연료유의 물질안전보건자료에 대한 권고' 결의서안을 채택하여 시행하고 있다. MSDS는 최소한 9개의 카테고리 또는 콘텐츠와 이러한 카테고리에 배포된 정보의 약 60개 항목을 제공해야 한다. MSDS는 최소한 3년마다 검토해야 하며, 카테고리는 다음의 제복이 유사하게 포함되어야 한다.

1) Hazardous Ingredients (유해 성분)
2) Preparation Information (준비 정보)
3) Product Information (제품 정보)
4) Physical Data (물리적 데이터)
5) Reactivity Data (반응성 데이터)
6) Fire and Explosion Hazard (화재 및 폭발 위험)
7) Toxicology Properties (독성 속성)
8) Preventative Measures (예방 조치)
9) First Aid Measures (응급조치 요령)

선장은 본선이 충분한 화물 자료(MSDS)를 보유하고 있지 않다면 안전하고 효율적인 운송이 이루어질 수 있도록 화주 또는 관련 업체를 통하여 선적 예정인 정확한 화물명과 추가 관련 정보를 충분히 확보해야 한다. 또한 모든 선원에게 화물 자료 및 추가 관련 자료를 사용하여 승조원이 적재 화물의 특성을 이해하도록 숙지시켜야 한다. 안전하고 효율적인 운송을 하는데 필요한 자료를 확보하지 못한다면 화물을 적재해서는 안 된다. 화물의 물질적, 화학적 특성, 위험성과 대응방안에 대한 지식은 비상상황 발생 시, 안전을 보장하고 케미컬 화물을 효율적으로 운송하고 취급하기 위하여 필수적으로 요청된다.

MSDS는 화물 선적 전, 개별 화물에 대하여 가용할 수 있어야 하며, MSDS를 확보한 후 선장 및 책임사관은 그 적합성 여부를 검토해야 한다.적합성 여부는 아래의 사항을 확인한다.

(1) 화물의 안전한 보관을 위하여 반응성을 포함한 물질적, 화학적 특성에 대한 상세

(2) 타 화물과의 적합성 여부

(3) 유출, 누유 시 조치사항

(4) 신체 접촉 시 대처방법

(5) 화재진압 절차와 진압장비

(6) 화물의 이송, 클리닝, '가스 프리'와 '발라스트'에 대한 절차

(7) 화물의 안정성 여부

선장은 MSDS의 정보를 선원들이 친숙해질 수 있도록 하고 긴급 상황을 대비하여 훈련을 시행하여야 하며, MSDS는 화물 작업 전에 화물의 특징, 취급 및 기타 사항에 대하여 선원들에게 설명하고 쉽게 접근 가능한 장소에 게시되어야 한다. 비상시 절차는 MSDS에 충분히 설명되어 있다. 모든 승조원은 비상시 BA(Breathing Appratus), 보호장구, 응급조치 방법에 관해 충분한 훈련이 되어야 한다. 위험화물 관련 사고 시 최초 대응에 관해서, 본선에서 보유하고 있는 MSDS, IMGS, MFAG 의 응급조치 절차를 참조한다. 이 부분은 비상 대응에서 다루도록 한다.

파라 자이렌에 대한 MSDS의 예시를 〈표 2-5〉와 〈그림 2-1〉에 나타내었다.

〈표 2-5〉 MSDS의 예시

영어명 : PARA-XYLENE	약어 : P-X
한국명 : 자이렌(크실렌)	화학식 : C6H4(CH3)2
IMDG CODE CLASS : 3.3	UN 번호 : UN1307 CAS 번호 : 1330-20-7
○ 물리적 성질 : 무채색 이거나 연한색인 액체 ◇ 녹는점 : ℃ 끓는점:138~144℃ 비중(물=1):0.861-0.880 용해도(물) : 0.0003 % ◇ 인화점 : 27~32℃ 이상 발화점:464~529℃ 발화범위: 1.0 ~7.0% 휘발성 : 100 %	

○ 일반적 특징 : 가연성의 굴절률이 높은 특이한 방향있는 액체
○ 주요한 건강위험성 : 호흡기도, 피부. 눈, 자극 중추신경계통 억제.
○ 독성자료 : 〉4300 mg/kg 구강- 쥐 LD50
○ 용매 가용성 : 아세톤, 알코올, 에테르, 사염화탄소, 석유에테르, 벤젠, 유기용제

○ 안전성 및 반응성
◇ 화학적 안정성 : 상온 상압에서 안정함, 중합하지 않음.
◇ 피해야 할 조건 :
  1. 열 화염, 스파크 및 기타 점화원을 피할 것.
  2. 상수도 및 하수도에서 떨어진 곳에 둘 것.

◇ 피해야 할 물질(혼합금지물질) : 산화제, 가연성물질, 산, 아민, 염기. ◇ 위험한 분해생성물(열분해생성물) : 탄소화합물

○ 화재폭발 시 대처 방법
◇ 화재폭빌위험 :
  1. 심각한 화재 위험.
  2. 물질의 흐름 또는 교반에 의해 발화 또는 폭발 초래할 수 있는 정전기 발생.
  3. 증기는 공기보다 무거우므로 점화원까지 먼거리 이용 역화가능.

◇ 소화제 : 자상 분말 소화약제, 이산화탄소, 물, 일반적인 포말

◇ 진화 :
  1. 위험없이 할 수 있다면 화재 지역에서 용기를 옮길 것.
  2. 진화 후 안정될 때까지 열에 노출된 용기의 측면에 냉각수를 뿌릴 것.
  3. 대형 화재 시 무인 모니터 노즐을 사용하고 불가능한 경우 화재 지역 철수
  4. 안전배기장치로부터 소리가 나거나 탱크가 변색된 경우 즉시 철수
  5. 탱크, 철도 차량 또는 탱크, 트럭의 경우 대피 : 반경 0.8km(1/2 마일) 이상
  6. 봉상의 물줄기는 도움이 되지 않고, 많은 양의 물로 안개형태로 사용할 것

○ 누출사고 시 대처방법
- 직업적 유출 :
  1. 발화원인 차단.
  2. 작업자가 위험성 없이 누출을 중단시킬 수 있으면 중단시킬 것.
  3. 물 분무를 사용하여 증기의 발생을 감소시킬 것.
- 소량 누출 :
  1. 모래 또는 다른 비가연성물질을 사용하여 흡수시킬 것.
  2. 누출된 물질의 처분을 위해 적당한 용기에 수거할 것.
- 다량 누출 :
  1. 추후의 처리를 위한 제방을 축조할 것.
  2. 발화원을 제거할 것.
  3. 관계인 외 접근을 막고, 위험 지역을 격리하며 출입을 금지할 것.

ExxonMobil

Product Name: P-XYLENE
Revision Date: 23 Aug 2016
Page 1 of 13

SAFETY DATA SHEET

SECTION 1	PRODUCT AND COMPANY IDENTIFICATION

PRODUCT

Product Name: P-XYLENE
Product Description: Aromatic Hydrocarbon

Intended Use: Raw material

COMPANY IDENTIFICATION

Supplier: ExxonMobil Chemical Asia Pacific (Regn. No. 52893724C)
(A Division of ExxonMobil Asia Pacific Pte Ltd - Regn. No. 196800312N)
AROMATICS AND OLEFINS
1 HarbourFront Place
#06-00 HarbourFront Tower One   098633   Singapore

24 Hour Environmental / Health Emergency   800-101-2201
Telephone
Supplier General Contact   +65 6885 8124

Local Contact:

Country	Emergency Telephone Number
China	4001-204937
Hong Kong	800-968-793
India	000-800-100-7141
Japan	+81-3-45209637
Malaysia	1-800-815-308
Republic of Korea	00-308-13-2549
Thailand	001-800-13-203-9987

This (M)SDS is a generic document with no country specific information included.

SECTION 2	HAZARDS IDENTIFICATION

This material is hazardous according to UN GHS Criteria. Classification includes all GHS hazard classes. For hazard categories with two cut-off/concentration limits, classification was based on the higher limit.

GHS CLASSIFICATION:

Flammable liquid: Category 3.
Acute oral toxicant: Category 5.
Acute dermal toxicant: Category 4.
Acute inhalation toxicant: Category 4.
Skin irritation: Category 2.
Eye irritation: Category 2.
Specific target organ toxicant (respiratory irritant): Category 3.
Aspiration toxicant: Category 1.
Acute aquatic toxicant: Category 2.

〈그림 2-1〉 MSDS 예시

2.3.3 MSDS를 이용한 안전 교육사항

화물 작업 책임자는 화물 선적항구 입항 전 MSDS를 이용해 다음과 같은 사항을 선원들에게 교육하여, 작업과정 중 각종 위험으로부터 사고를 예방해야 한다.

1) 선적화물 기본정보와 독성 및 부식성 위험 여부

2) 화물의 접촉에 대한 응급조치방법

3) 화물선적계획(Cargo loading plan)의 요약설명(Briefing)과 게시

4) 화물 작업 시, 개인보호장구(Personal protective equipment; PPE) 사용

5) 냄새를 통한 화물가스의 식별 가능여부

6) 화물탱크로부터 분출된 화물가스의 갑판 상 체적 가능성

7) 화물구역 화재 발생 시 소화방법과 소화제의 종류

8) 화물의 반응성(물, 공기, 상호반응, 자기반응) 여부

9) 화물의 건강 위험성(피부접촉, 호흡, 구강섭취)

10) 비상 호흡구, 자장식 호흡구의 비치 여부와 비치 장소

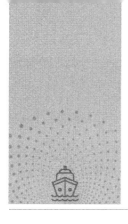

제3장
케미컬 탱커의 하역작업
(화물설비 및 운항 절차 개요)

1. 하역작업 개요

일반적으로 탱커의 선적 흐름은 〈그림 3-1〉과 같다. 탱커는 상선의 일종이며, 화물의 이송을 통해 경제적인 이득을 취함에 그 목적이 있다. 그래서 화물 계약으로 시작하여 화물의 선적(Cargo Loading), 목적항(Destination Port)까지 이동(Transferring), 화물의 양하(Cargo Discharging) 이후에 다시 화물 선적을 위한 화물 탱크 클리닝(Cargo Tank Cleaning)으로 이루어진다. 하역작업이란 위의 절차에 따른 작업을 의미하며, 이 장에서는 절차가 진행됨에 따른 기본적인 작업의 지식에 대하여 서술한다.

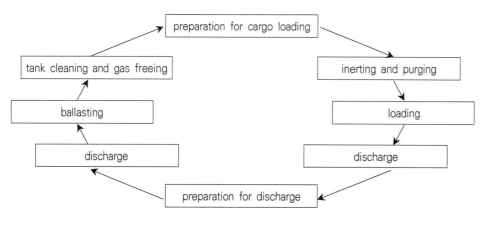

〈그림 3-1〉 화물 선적 흐름도

2. 화물 선적(Cargo Loading)

2.1. 화물 선적 개요

화물 선적은 화물을 선박의 화물 탱크에 선적하는 것을 의미한다. 화물 선적은 일반적으로 회사의 요청에 의하여 선적 절차가 시작된다. 케미컬 탱커의 화물 도면은 〈그림 3-2〉 및 〈그림 3-3〉과 같이 간략하게 도식화 할 수 있으며, 이 그림은 콩스버그의 액체화물시뮬레이터 화면을 활용하였다. 여기에서 화물 선적에 필요한 갑판 상의 설비와 그 위치를 확인할 수 있다.

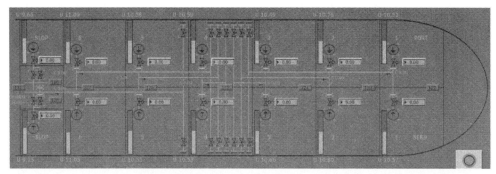

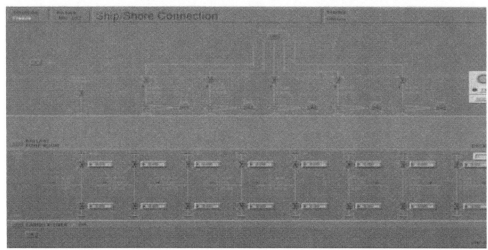

〈그림 3-2〉 케미컬 탱커 화물 도면(콩스버그 시뮬레이터 화면 사용)

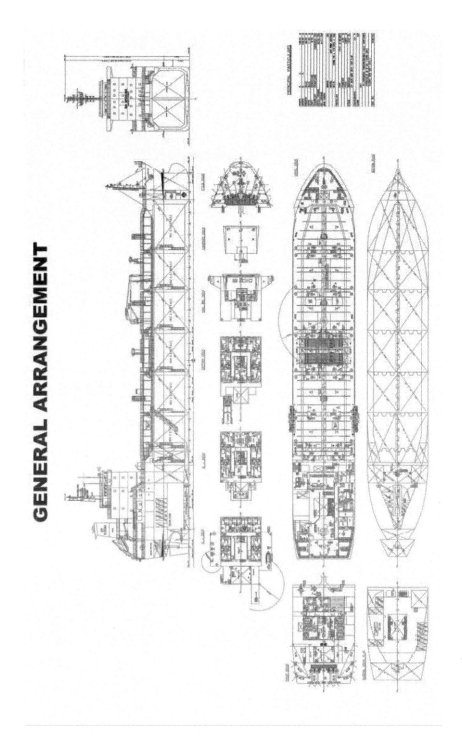

GENERAL ARRANGEMENT

〈그림 3-3〉 케미컬 탱커 일반 배치도

2.2. 화물 선적의 기초 절차

케미컬 화물 선적은 화물 상황 및 운용 방식 등에 따라 절차는 다를 수 있지만, 기본적으로 다음과 같은 절차로 진행된다.

1) 화물 및 선적량
2) 선적 전 화물 탱크의 상태
3) 선적 지시 수령 후 화물 선적 계획
4) 화물 선적 절차에 따른 작업
5) 화물량 측정
6) 기타 사항

2.2.1. 화물 및 선적량(Cargo and Quantities)

일등 항해사는 선적 지시서나 항차 지시서에 기술된 선적 요청량에 가능한 가깝게 적재 해야 한다. 선적 지시서란 선주가 선박에 화물과 선적량을 지시하는 문서 또는 명령을 의미하며, 〈그림 3-4〉와 같이 예시를 보인다. 선적 지시서에 선적량이 지정량의 일정 범위 내에서 적재하도록 요구하는 경우가 있다. 이때 선박에서는 화물이 본선 코팅에 적합한 화물인지를 확인해야 하며, 지시서의 선적량을 실을 수 있는 화물 탱크 등을 확인해야 한다.

WHAT'S IN STORE AT VOYAGE ORDER?

< 8 > LOADING SCENARIOS as follows :

1) FULL LOADING.
2) PARTIAL LOADING // SOH %.
3) CARGO BOOKING AS PER CHARTERER'S VOYAGE ORDERS.
4) DRAFT RESTRICTIONS / DRAFT LIMITS WITH VARIOUS DENSITIES BOAT
ENDS BRACKISH WATER ON DEP LODPORT & ARVL DISPORT.
5) TROPICAL FRESH WATER PANAMA CANAL CROSSING ->
LOAD BACK CONSUMPTION // ZONE ALLOWANCE.
6) N C B < UTE > SLACK HOLDS CH 1 & 7 // CH 1 & 5, REQUIRED DEPARTURE
TRIM (M.C.L. = MAX. CARGO LIFT // EVEN KEEL // ZERO TRIM // TRIM BY THE
STERN 0.30 m - 0.50 m.
7) STRENGTHENED HOLDS CH 1, 3 & 5 // CH 1, 3, 5 & 7.
8) BREAK BULK < IN MINERALS >.

HERE'S MORE.....

A) C/O'S VITAL FORMULAS FOR CARGO COMPUTATIONS.
B) INITIAL & FINAL DRAFT SURVEYS
< MANUAL + 2 SOFT WARES >
C) TRIMMING HOLDS // ENDS – MID-G // AP
< MANUAL + 2 SOFT WARES > WITH TRIMMING WEIGHTS FWD HOLD // AFT
HOLD + TRIMMING DRAFTS + TRIMMING TABLE.

WITH FREEBIES < 2 > KEY CHAINS, < 3 > CAR STICKERS,
CHIEF OFFICER'S BADGE AND CERTIFICATE OF COMPLETION.

〈그림 3-4〉 선적 지시서(Voyage Order) 예시

2.2.2. 선적 전 화물 탱크의 상태

선박에서는 선적항에 도착하기 전에 선적하고자 하는 화물 탱크가 선적에 적합하도록 준비해야 한다. 선적항으로 가는 항해 중에 선적하고자 하는 빈 탱크는 화물 선적을 위해 표준 절차대로 클리닝 작업 및 가스 프리를 실시해야 하며, 탱크 클리닝 작업에 어려움이 있다면 회사와 연락하여 사전에 항해 기간 연장 승인을 얻어야 한다. 이때 화주의

요청에 따라 필요하다면 Wall Wash Test(WWT) 등에 대한 철저한 검사를 실시해야 한다. 탱크 클리닝의 내용은 이 장의 뒤쪽에서 다룬다.

2.2.3. 선적 지시 수령 후 화물 선적 계획

선적 지시서를 수령한 후 일등 항해사는 육상 담당자와 협의 및 선원들에게 작업 절차 및 계획을 공유하기 위해 화물 선적 계획서를 작성해야 한다. 양하작업 전, 완료된 화물 선적 계획서를 준비하고 잘 보이는 곳에 게시해야 한다. 화물 선적 계획서는 아래의 사항을 포함해야 하며, 그 예시는 〈그림 3-5-1〉과 같다. 또한 아래의 (1)의 탱크 레이아웃을 보여주기 위하여 적재 계획을 보여주어야 하며, 그 예시는 〈그림 3-5-2〉와 같다.

(1) 탱크 레이아웃(layout) (선적항, 양하항, 화물 종류, 적재 화물의 수, 선적량, 발라스트(Ballast Water) 잔량 등을 포함)

(2) 선적 순서

(3) 발라스트 계획

(4) 선박/육상간 정보 교환

(5) 기본 화물 정보

(6) 당직 배치표 및 "화물 Standing Order"

(7) 비상 하역 중단 절차

(8) 화재, 오염사고나 부두와의 분리 시 비상 절차

(9) 선박의 응력을 포함한 선박의 단계별 상태(25%, 50%, 75%, 100%) 및 중요한 작업이나 상태의 변화가 큰 경우 적어도 매시간 각 탱크의 Level을 포함한 선박의 상태를 확인할 수 있도록 작성해야 한다. 여기에서 탱크의 Level은 화물 선적량을 확인할 수 있는 지표를 의미한다.

CARGO OPERATION PLAN (for CHEMICAL)

This cargo operation plan should be provided by C/M and explained to crew prior to arrival loading or unloading port, and posted at cargo control room with acknowledge signature of crew.

Vessel :		Date :	20-Oct-20
Port :	Yeosu, S.korea	Berth :	GS CALTEX PRODUCT WHARF NO.0::

1. Cargo Information

Grade			GASOIL 50PPM		MOGAS 92 RON		
Charterer / Shipper			PHOENIX PETROLEUM PHILIPPINES INC / GS CALTEX		PHOENIX PETROLEUM PHILIPPINES INC / GS CALTEX		
Stowage Tank			1P/S, 2P/S, 3P/S 5P/S, 7P/S		4P/S, 6P/S		
Quantity	Bill of Lading figure		9510.000	MT	3650.000	MT	
	Ship's figure		9510.000	MT	3650.000	MT	
Loading Port			Yeosu, S.korea		Yeosu, S.korea		
Unloading Port			Davao, Philippine		Davao, Philippine		
S.G or Density			0.8423		0.7292		
Loading Temperature			AMBIENT		AMBIENT		
Heat Requirements	During Voy		N/A	℃	N/A	℃	
	Unloading		N/A	℃	N/A	℃	
	Limitations		N/A	℃/Day	N/A	℃/Day	
Heat Adjacent Tank(Max)			N/A	℃	N/A	℃	
Cooling Requirement			N/A		N/A		
N₂ Requirements			N/A		N/A		
* Pressure in Tank			N/A	Kg/sq.cm	N/A	Kg/sq.cm	
* Oxygen Content			N/A	%	N/A	%	
Pollution Category X , Y , Z or OS or Annex I)			Annex I		Annex I		
Ship's Type(II, III & N/A)			2		2		
Pre-Wash Requirements			No Pre-Wash		No Pre-Wash		
Viscosity, if Requirement by IBC 16.2.6			Unknown		0.652		
Melting Point by IBC 16.2.9,16A			Unknown		-20.0℃		
Flash Point			62.0℃		-20.0℃		
Boiling Point			Unknown		45.0℃		
Vapor Density(Air = 1.0)			Unknown		Unknown		
Vapor Pressure at 20℃ (mmHg)			Unknown		Unknown		
Flammable Limit (% By VOL)			0.6~6.0%		0.6~6.0%		
Fire Extinguishing Agent			Dry chemical,CO2, water fog, Regular foam		Dry chemical,CO2, water fog, Regular foam		
Cargo Solubility in water			Immiscible		Immiscible		
Tank Filling Limits			98%		98%		
Coating Compatibility			SUITABLE		SUITABLE		
Hazard(IBC)			N/A		N/A		
Vapor Detection(IBC)			N/A		N/A		
Respiratory & Eye Protection(IBC)			N/A		N/A		
Special Requirements(IBC)			N/A		N/A		
Static Accumulator			N/A		N/A		
USCG Group			33		33		
TLV-TWA			N/A		N/A		
MFAG table			Ref to IMDG SUPPLEMENT "MFAG "EM'CY ACTION"				

* Refer to MSDS & IBC/BCH Code Details of Hazards and Precautions./CDI Item 5.1.40 to 5.1.58!

〈그림 3-5-1〉 Cargo Loading Plan 예시

Master:
Chief officer:
Rotation: Singapore(L&B)−Tanjung Langsat(D)−Kuantan(D)−Merak(L&D)−Kuantan(L)−Singapore(L)−JNPT(D)−Hazira(D)−Mundra(D)−kandla(D)−Hamriyah(D)

PORT :
DATE :
VOY.No :

At Sea
21 Jul.'14
1407

Tentative Stowage Plan (LOAD/DISCHARGE)

No.	Cargo Name	L.Port	D.Port	Laycan	Stowage	Quantity Nomination Figures(MT)	Quantity Ship's Figures(MT)	S.G	Temp.	Flash Point	MSBL Point	Poll' Cat.	UN No.
1	Butyl Acrylate	Singapore	Hazira	09-13 Jul'14	5P	998.871	996.447	0.9029	15.0 ℃	48.1 ℃	-84.5 ℃	Y	2348
2	Vinyl Acetate Monomer	Singapore	Hazira	09-13 Jul'14	5S	1000.000	1000.000	0.9396	15.0 ℃	-8.0 ℃	-93.0 ℃	Y	1301
3	Butyl Acetate	Merak	Mundra	22-26 Jul'14	4P	1000.000	1000.000	0.8799	20.0 ℃	30.0 ℃	-61 ℃	Y	2527
4	Styrene Monomer	Merak	JNPT/Kandla	20-25 Jul'14	3S,6P,7S,8P	1000.000	1000.000	0.91017	15.0 ℃	31.0 ℃	-30 ℃	Z	2055
5	N-Butyl Alcohol	Kuantan	Kandla	27-31 Jul'14	1S,7P	970.000	997.000	0.8085	20.0 ℃	48.8 ℃	-84 ℃	Z	1120
6	Iso Butanol	Kuantan	Kandla	27-31 Jul'14	1P, 8S	750.000	750.000	0.7900	20.0 ℃	25.0 ℃	-66 ℃	Y	2045
7	2 Ethyl Hexanol	Kuantan	Kandla	27-31 Jul'14	4S	1000.000	1000.000	0.8300	20.0 ℃	75.0 ℃	-76 ℃	Y	-
8	Acetic Acid	Singapore	Kandla	25-31 Jul'14	2S, 3P	1000.000	1000.000	1.0500	20.0 ℃	40.0 ℃	17 ℃	Z	2789
9	Mixed Xylene	Singapore	Hamriyah	26-02 Aug'14	2P, 6S	1500.000	1500.000	0.8700	15.0 ℃	25.0 ℃	-47 ℃	Y	1307
10													
	TOTAL					11218.871	11094.447						

PORT	8P	7P	6P	5P	4P	3P	2P	1P
5554.447 (MT)	Styrene Monomer C:97.172% V:647.831 W:587.000 G:0.9061 L:Merak D:JNPT/Kandla	N-Butyl Alcohol %:97.707% V:695.597 W:718.000 G:0.98170 L:Kuantan D:Kandla	Styrene Monomer %:97.009% V:1255.932 W:1138.000 G:0.9061 L:Merak D:JNPT/Kandla	Butyl Acrylate %:87.180% V:1126.705 W:996.447 G:0.68439 L:Singapore D:Hazira	Butyl Acetate %:89.012% V:1148.389 W:1000.000 G:0.8708 L:Merak D:Mundra	Acetic Acid %:92.328% V:383.944 W:396.000 G:1.03140 L:Singapore D:Kandla	Mixed Xylene %:90.690% V:575.413 W:493.000 G:0.85678 L:Singapore D:Hamriyah	Iso Butanol %:97.663% V:298.734 W:236.000 G:0.79000 L:Kuantan D:Kandla
T.C.O.B 11094.447	666.684 M³ 666.264 M³	916.618 M³ 916.694 M³	1294.650 M³ 1294.438 M³	1292.395 M³ 1294.778 M³	1290.131 M³ 1294.945 M³	415.849 M³ 407.262 M³	633.653 M³ 634.676 M³	305.882 M³ 304.996 M³
5530.000 (MT)	Iso Butanol C:97.654% V:650.633 W:514.000 G:0.79000 L:Kuantan D:Kandla	Styrene Monomer %:97.157% V:890.630 W:807.000 G:0.9061 L:Merak D:JNPT/Kandla	Mixed Xylene %:90.799% V:1175.338 W:1007.000 G:0.85678 L:Singapore D:Hamriyah	Vinyl Acetate Monomer %:84.224% V:1090.513 W:1000.000 G:0.91700 L:Singapore D:Hazira	2 Ethyl Hexanol %:93.401% V:1204.819 W:1000.000 G:0.83000 L:Kuantan D:Kandla	Styrene Monomer %:97.285% V:386.204 W:359.000 G:0.9061 L:Merak D:JNPT/Kandla	Acetic Acid %:92.269% V:585.612 W:604.000 G:1.03140 L:Singapore D:Kandla	N-Butyl Alcohol %:97.744% V:298.117 W:239.000 G:0.80170 L:Kuantan D:Kandla

STBD	8S	7S	6S	5S	4S	3S	2S	1S
TTL :						100%	95%	98%
						13624.915 M3	13352.417 M3	
						95%	12943.669 M3	12262.424 M3

TANK COATING : KSUS 304LN 1W,2W,3W,7W,8W KSUS 318LN 4W,5W,6W
PUMP CAPACITY 1W,3W 100M3H 2W,7W,8W 220M3H 4W,5W,6W 330M3H

Port	Singapore Arrival	Singapore Departure	Tanjung Langsat Arrival	Tanjung Langsat Departure	Kuantan Arrival	Kuantan Departure	Merak Arrival	Merak Departure	Singapore Arrival	Singapore Departure	Kuantan Arrival	Kuantan Departure	Merak Arrival	Merak Departure	JNPT Arrival	JNPT Departure
Forward draft	F: 6.90	F: 7.99	F: 7.99	F: 7.99	F: 6.30	F: 6.30	F: 5.70	F: 5.75	F: 6.30	F: 5.55	F: 5.60	F: 5.95	F: 5.75	F: 7.80	F: 7.25	F: 7.20
Aft draft	A: 7.15	A: 7.99	A: 7.45	A: 7.99	A: 7.35	A: 6.15	A: 5.95	A: 5.85	A: 7.45	A: 8.25	A: 7.70	A: 7.80	A: 8.20	A: 9.35	A: 8.25	A: 9.15
Mean draft	M: 7.03	M: 7.99	M: 7.03	M: 7.99	M: 6.83	M: 6.88	M: 5.85	M: 5.93	M: 6.88	M: 6.68	M: 6.65	M: 6.83	M: 7.73	M: 8.53	M: 7.75	M: 8.48
Trim	T: 0.25	T: 0.00	T: 0.00	T: 0.00	T: 1.05	T: 1.15	T: 0.20	T: 0.45	T: 1.15	T: 2.10	T: 2.25	T: 1.00	T: 2.25	T: 1.65	T: 0.95	T: 1.35
Displacement	12722	14638	14633	12429	12331	12429	10441	10594	12039	14,153	11,981	12,331	14,112	15,742	15,639	13,612
SF(%)/BM(%)	11.0/4.9	13.6/29.9	13.5/29.7	12.6/21.3	12.7/21.2	12.6/21.3	17.5/30.0	18.2/32.0	11.9/18.5	11.3/18.4	11.3/18.4	11.1/18.5	9.5/19.9	9.5/19.8	6.1/15.3	10.7/20.5
GM(M)	1.95	1.87	1.87	2.12	2.12	2.41	2.43	2.19	2.02	1.95	2.19	2.02	2.06

〈그림 3-5-1〉 Cargo Loading Plan 예시

2.2.4. 화물 선적 절차(Loading Procedure)

화물 선적 절차는 화물의 종류 또는 터미널의 사정에 따라 변경될 수 있지만, 여기에서는 선적의 기본적인 절차만을 서술하는 것으로 한다. 선적항 입항 전, 책임사관은 선적 절차의 계획서에 따라 화물을 받는 본선의 입구인 매니폴드(manifold)를 확인한다. 항구에 접안 한 경우, 일등 항해사는 육상의 로딩 마스터(Loading Master)와 화물 선적 및 이송에 관련한 전반적인 작업에 관하여 안전 미팅을 통해 논의한다. 화물 서베이어(Cargo Surveyor)의 역할은 액체 화물에 대한 수량 및 품질 검사, 재고조사, 오염사고에 대한 손해 및 손실조사를 수행한다. 그렇기에 화물 탱크의 검사 및 화물량의 조사는 서베이어와 논의한다. 서베이어와 사관이 화물을 선적할 탱크의 상태를 검사한 후 탱크 상태가 통과되면 화물 작업을 탱크로 이송할 수 있다. 이후에는 화물 작업에 대한 작업 계획의 동의를 구하기 위해 터미널의 로딩 마스터와의 미팅을 CCR(Cargo Contorl Room, COC와 동일하게 쓰임)에서 〈그림 3-5-1〉과 같이 진행한다. 선적을 시작하기 위해서는 초기 선적 속도로 시작하고 합의한 최대 선적 속도가 되기 전에 선박과 육상 양측의 파이프 라인들이 정확하게 위치하고 있고 누유가 없음을 확인해야 한다. 선적을 시작할 때는 계속적이고 규칙적인 간격으로 누유가 없는지 확인하여야 하며, 일반적인 작업으로 탱크 검사를 할 때에 책임사관은 국내 법규와 국제적인 규칙을 잘 적용하여야 하고, 안전과 관련한 보호 장구를 착용해야 한다.

화물 연결관(hose or arms) 연결을 완료하고, 선적 전 주의사항이 지켜졌을 때 매니폴드 밸브를 제외하고 라인업(Line-up) 을 실시한다. 라인업은 일반적으로 화물이 지나가는 관의 길을 열어두는 것을 의미한다. 파이프 라인의 라인업 후 책임사관에 의해 정확한 라인업이 되어있는지 크로스 체크(Cross Check)를 실시해야 한다. 선적 전, 일등 항해사는 밸브 라인업을 확인하여 준비가 제대로 되어있는지 그리고 펌프와 화물관이 닫혀 있는지 확인해야 한다. 선박의 매니폴드 밸브는 육상이 화물 개시 준비가 되어있고, 선박에도 선적을 위한 만반의 준비가 되어있을 때 열어야 한다. 매니폴드는 〈그림 3-6〉과 같으며, 파이프라인의 도면은 〈그림 3-6-1, 3-6-2〉와 같다.

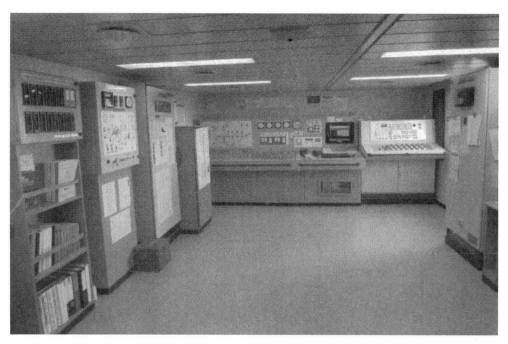

〈그림 3-5-1〉 Cargo Control Room or Cargo Oil Control Room

〈그림 3-6〉 화물 매니폴드

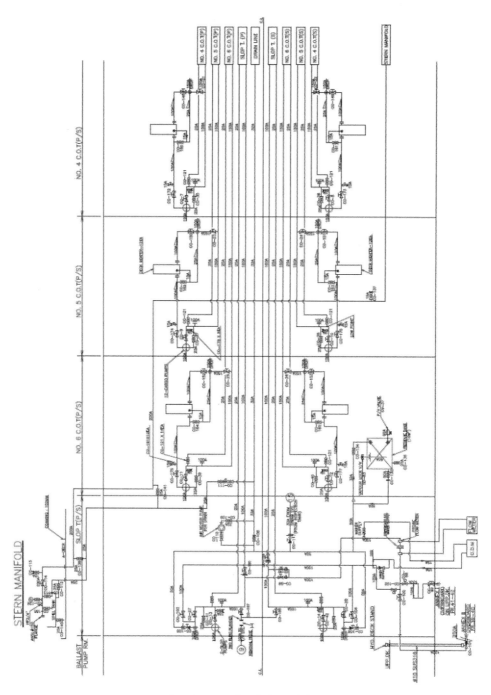

〈그림 3-6-1〉 파이프 라인 도면

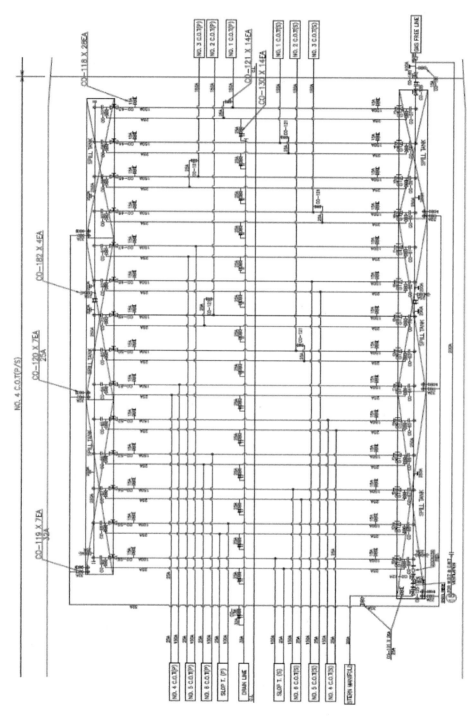

〈그림 3-6-2〉 파이프 라인 도면

176 CHEMICAL TANKER

매니폴드를 열고나서부터 화물 선적은 시작되며, 화물 선적에는 아래의 내용을 확인해야 한다.

(1) 초기 선적 속도(Initial Loading Rate, L/R)

초기에 선적은 저속으로 시작해야 하고, 드랍(drop) 라인 높이에 따라 탱크 내 슬래싱(splashing)이 일어나지 않을 때까지의 초기 선적 속도는 초당 1M를 유지하여 화물을 선적해야 한다. 일등 항해사는 빈 탱크를 포함한 모든 탱크를 확인하여 계획된 탱크로 바르게 선적되는지, 그리고 화물관이나 펌프실로의 누출 및 코퍼댐(cofferdam), 선외 배출 등은 없는지에 대한 전반적인 사항을 확인해야 한다. 모든 탱크에 정상으로 적재되고 있음이 확인되면 아래 사항을 고려하면서 협의된 최대 L/R로 점차적으로 올릴 수 있다.

· 작업 시 안전 주의
· 화물의 특성
· 충분한 인원배치
· 사용 중인 선박 및 육상의 허용 압력
· 화물 탱크의 최대 용량이나 계획된 얼리지(Ullage)
· 정전기 발생 및 축적 가능성
· 증기 및 벤팅(venting) 시스템의 최대 용량

선적을 할 때 각각의 탱크에는 P/V(Pressure/Vacuum) Vent가 설치되어 있으며, 〈그림 3-6-3〉과 같다. 정압인 경우(탱크에 화물이 차오르는 경우)에는 〈그림 3-6-4〉와 같이 Pressure가 해소되며, 탱크에 화물이 나가는 경우(부압인 경우) 오른쪽 그림과 같이 Vaccum이 해소된다.

〈그림 3-6-3〉 P/V Vent

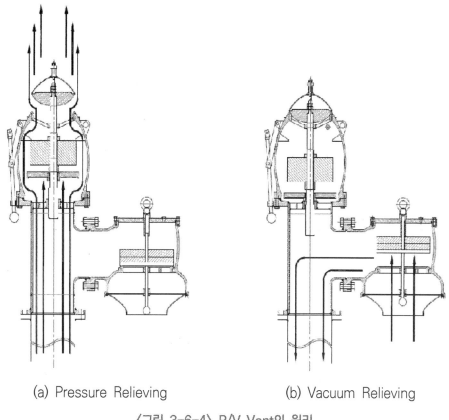

(a) Pressure Relieving (b) Vacuum Relieving

〈그림 3-6-4〉 P/V Vent의 원리

(2) L/R의 조절

2개 이상의 탱크에 동시 적재를 실시하는 경우 다음의 준수사항이 지켜져야 한다. L/R는 전 탱크에 적재하는 경우를 제외하고 탱크 배출밸브나 매니폴드 밸브에 따라 결정되어 진다. 이너팅(inerting)이 되어있지 않은 탱크에 정전기발생 화물의 초기 적재 속도는 초당 1M이다. 이너팅이 되어있지 않은 탱크에 정전기발생 화물의 최대 적재가능 속도는 초당 7M이다. 정전기 비 발생 화물과 이너팅이 되어있는 탱크에 정전기발생 화물의 최대 적재가능 속도는 초당 12M이다. 참고를 위한 적재속도는 일반적으로 파이프라인의 침식이 파이프 연결부위나 굽은 곳에서 일어나기 시작하는 속도를 고려한다. 밸브는 다른 탱크가 충분히 열려 있지 않다면, 완전히 닫거나 급속하게 닫아서는 안 된다.

초기 선적과 최종 단계에서는 낮은 L/R로 해야 함을 하역 전 미팅에서 육상 담당자와 협의되어야 하며, 최종 선적 탱크는 충분한 얼리지를 가지고 있어야 한다. 화물 종료는 육상에서 선적 작업을 중단시키므로 선박의 밸브를 사전에 잠그는 일이 없어야 한다. 화물 선적이 끝난 후나 계측 작업하기 전 적어도 30분의 안정화 시간이 필요하며, 이 시간은 액체 화물에 함유된 가스 거품, 수분이나 특정 물질이 전기적 에너지를 분산시키는데 필요한 시간이다.

(3) 화물 작업 중 본선 화물량과 육상 화물량의 비교

화물 작업 중에 당직 항해사는 1시간 간격으로 본선 탱크를 확인하여 적절한 속도로 화물이 이송되고 있는지 확인해야 하고, 얼리지, 화물량과 기타 사항을 기록해야 한다. 이 체크리스트는 〈그림 3-7〉과 같이 회사의 서식을 사용한다. 선박의 시간당 선적 속도와 총 선적량은 육상량과 매 시간 간격으로 무선통신을 이용하여 비교되어야 하고, 또한 양측 간에 적절한 교신이 되는지를 확인한다. 총 화물량 3%를 초과하는 화물량의 차이가 발생하면 당직 항해사는 그 사유를 찾기 위해 최선의 노력을 다하고, 육상 담당자에게 육상라인의 라인업과 육상탱크에 문제가 없는지를 문의해야 한다. 5% 이상의 화물량 차이가 발생하는 경우 선장은 그 사유가 명확히 밝혀질 때까지 화물 작업 중단을 고려해야 한다. 화물량의 차이는 측정 장치의 오류나 계산상의 오류에 의해 발생할 수 있으므로 일등항해사는 즉시 아래와 같은 조치를 취한다.

· 원격/휴대용 계측 장치의 보정오류를 확인한다.
· 모든 화물 탱크, 밀폐구역, 화물탱크 인근의 펌프룸을 점검한다.
· 화물 탱크에 금이 가지 않았는지 확인한다.
· 파이프나 밸브에 누유가 없는지 확인한다.
· 트림/리스트에 대한 보정을 한다.
· 주어진 자료, 비중, API, 온도에 오류가 없는지 확인한다.
· 계측장비에 잘못된 수치를 입력하였는지 확인한다.
· 터미널에 고지한 후에 모든 화물 탱크의 화물량을 다시 측정한다.

HOURLY CHECKLIST

Ship's name:		Voyage no.:	Berth name:		Date:
Item	Time				
Cargo name					
Tank number					
Mooring hawser					
Fire wire					
Cargo hose/Loading arm					
Oil leakage (incl. oily water)	Cargo line				
	On deck				
Fire doors & Scuttles					
Scupper plug					
Deck watch					
Terminal watch					
Walkie-talkie					
Level of H2S					
Deck water sea level					
P/V Breaker level					
Patrol of Pump Room					
Pressure (kg/cm²)	Cargo manifold				
	Vapour manifold				
	Offshore manifold				
Loading Rate / Discharging Rate	Ship				
	Shore				
Total Loaded / Total Discharged	Ship				
	Shore				
Quantity to go					
ETC					
Trim	Fore				
	After				
List					
Duty Officer					
Remark: 1 kg/cm² = 14.7 psi			Chief Officer :		Master :

Hourly Checklist-Cargo operation

〈그림 3-7〉 매 시간 cargo operation checklist

(4) 토핑 오프(Topping off)

동시에 한 개 이상의 화물 탱크에 선적할 때 토핑 오프 동안에는 화물 넘침의 위험이 증가하므로 탱크가 완전히 채워지는 것에 주의해야 한다. High level 알람과 and Overfill 알람은 안전에 중요한 장치이고 적절하게 작동하지 않는다는 의심이 드는 경우에는 선적작업이 중단되어야 한다. High level 알람은 화물 탱크의 용량 95%가 채워지면 알람이 발생하며 Overfill 알람은 98%에 발생한다. 그 도면은 〈그림 3-8〉과 같다. 책임사관은 토핑 오프가 된 화물 탱크가 선적을 계속하고 있는 화물 탱크와 완전히 차단되어 있는지를 확인해야 한다. 토핑 오프가 된 화물 탱크는 수위가 변하지는 않는지, 그리고 화물 Overflow가 발생하지 않도록 잔여 화물 작업을 하는 동안에 빈번히 점검되어야 한다. 선적작업이 거의 끝나갈 무렵에는 안전 미팅에서 동의한 토핑 오프 L/R로 낮추어 줄 것을 육상에 요청한다.

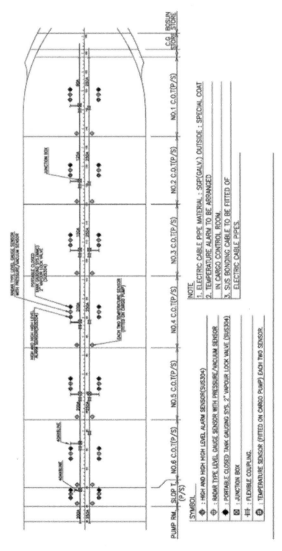

〈그림 3-8-1〉 High Level, Overfill Alarm 도면

COC 내의 알람 설비

〈그림 3-8-2〉 알람 설비

(5) 화물 작업 중 기본적인 안전 주의사항

ICS/OCIMF에서 발행한 ISGOTT 책자에 화물 작업 시 주의사항이 기술되어 있으며 아래의 4가지로 분류된다.

· 갑판상의 연소성, 유해성 가스의 최소화

· 이너팅된 탱크로 공기 유입 방지

· 정전기 축적 및 주의사항

· 승인된 장비의 사용

화물 작업 중에는 〈그림 3-9〉와 같이 선적인 경우에는 탱크 안의 압력이 정압 (positive pressure)이 되기 때문에 압력의 해소가 P/V(pressure/vacuum) 밸브로 정상적으로 되는지를 확인해야 하며, 일정 압력이 초과되는 경우 해소해 줄 방법을 찾아야 한다.

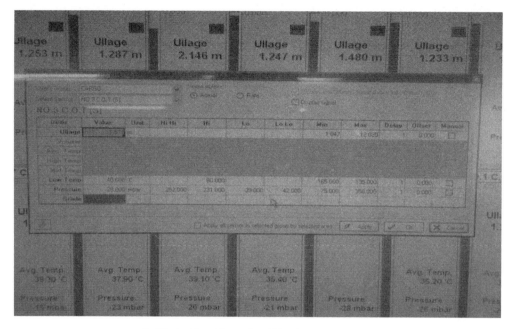

〈그림 3-9〉 탱크 내 정압 및 부압 Setting

2.2.5. 화물량의 측정

화물량의 부족은 선적인, 화주, 선주, 수화인 모두가 가장 우려하는 사안이다. 화물량에 따라 계약이 되며, 양에 따른 비용이 지급되기 때문이다. 화물부족이 발생할 때 서류 증빙은 매우 중요하다. 많은 건의 화물부족 관련 크레임은 상호 협의에 의해 해결하나 일부는 법정공방까지 진행되는 경우도 발생하기 때문이다. 기본적으로 선장은 B/L 상에 기재된 선적 화물량에 대하여 책임을 진다. 계약서에 별도의 언급이 없다면, 항상 화물 이송량은 육상 탱크나 육상 플로우 미터로 측정한 값을 기준으로 한다. 본선 계산 선적량이 B/L량이나 육상 측정량과 차이가 있다면 Protest를 발행해야 하며, 육상량과 본선 계산량의 차이가 0.5%를 넘으면 B/L 상에 서명하지 않고 용선주나 선주에게 즉시 보고하여 그들의 지시를 기다려야 한다. 물론 화물량이 많은 차이가 날 것으로 예상되면 화물 호스는 분리하지 않는 것이 바람직 할 것이다.

또한 각 화물마다 권장된 비중을 선적지 터미널로부터 받고 비중이 대기/진공인지를 확인해야 한다. 화물량의 계산은 본선에 보유중인 각 화물에 대한 해당하는 테이블을 사용하여 정확한 화물량을 계산하고 선박 상태의 모든 요소들에 대하여 관련된 수정인수를 대입한다. 선적이 완료되면 모든 계산의 결과는 〈그림 3-10〉과 같이 얼리지 레포트에 기록하여 육상과 본선의 화물량을 확인한다.

(1) 화물량의 측정 주의사항 및 절차

통상적으로 CCR 내 Level / Rader monitoring 시스템을 통해 선적량을 할 수 있다. 그러나 physical ullage 측정을 요구할 시 주의사항을 유념하여 진행해야 한다(특히 정전기 축적 화물).

- 선적 작업 중에는 접지를 시켜 사용하더라도 금속 장비(MMC 또는 UTI)를 절대 사용할 수 없다. 또한 접지된 금속 장비는 화물 종료 후 30분 후에만 사용할 수 있다. 이를 정전기 안정화 시간이라고 하며 "SETLING TIME" 이라고 칭한다. 단, 탱크 내 전체 길이의 측심 파이프가 설치된 경우 금속 장비(접지 후)는 언제든지 사용할 수 있다.
- 모든 금속 장비는 탱크에 넣을 때 접지 되어야 한다.
- 접지 / 결합되지 않은 금속 장비 / 합성 테이프 / 로프는 언제라도 사용할 수 없다.
- 비 합성 물질이 없는 비 전도성 장비는 언제든지 사용할 수 있다(예: 마닐라 로프).
- 본선의 흘수, 트림 및 경사도 최적화로 유지할 것.
- 매시간 발라스트 탱크 및 인접탱크에 화물이 유입되었는지 감시한다.
- 매시간 각 탱크의 얼리지와 화물 온도를 측정/계산하고 기록한다.
- 필요시 터미널과 지속적으로 화물량을 비교할 것을 권고한다.

원문

① 선적 작업 전

코퍼댐이나 이중저에 잔량을 보유하고 있는지 확인하고, 모든 보유하고 있는 잔량은 측정 및 기록한다. 화물관 및 탱크가 소재, 건조되었는지 확인한다. 최종 화물 중단을 본선 또는 육상에서 할 것인지 협의한다.

② 선적 작업 중

발라스트나 이중저 탱크에 화물이 유입되는지 감시하며 차후 참고용으로 각 화물의 초기 라인 샘플 채취(매니폴드 코크에서)한다. 본선의 흘수, 트림 및 경사도 확인 및 기록해야 하며, 라인 및 호스에 있는 화물을 탱크로 이송해야 한다. 얼리지는 모든 카고 탱크를 밀리미터 단위로 측정하고 기록한다. 측정에는 아래의 측정 장비를 이용하며, 고정식과 휴대용으로 구분한다. 선박에서는 매시간 각 탱크의 얼리지와 화물 온도를 측정하고 기록한다. 만약의 경우를 대비하여 카고 샘플은 최소 기간 동안 보관되어야 하며, 각 화물당 권장된 비중을 선적지 터미널로부터 받고 비중이 대기/진공인지를 확인해야 한다. 화물량의 계산은 본선에 보유중인 각 화물에 대한 해당하는 테이블을 사용하여 정확한 화물량을 계산하고 선박 상태의 모든 요소들에 대하여 관련된 수정인수를 대입한다. 선적이 완료되면 모든 계산의 결과는 〈그림 3-10〉과 같이 얼리지 레포트에 기록하여 육상과 본선의 화물량을 확인한다.

Ullage Report

Name of vessel :

Cargo : Para Xylene

Port of Loading : Singapore

Date : 21-Dec-2020

Voy. : 1909

Port of Discharging : Lianyungang, China

	Density	0.8653 @	15°C	in Vac'			Draft:	Fore :	7.10 M	Trim : 1.40 M
		0.8642 @	15°C	in Air				Aft :	8.50 M	List : Nil
								Mean :	7.80 M	

Before Discharging ▼

Tank No.	Ullage (cm)	Trim Corr'	List Corr'	Corr' Ullage	Temp' (°C)	Gross Vol' (m3)	V.C.F @Temp'	Corr' Vol' (m3)	Density	Weight (M/T)
1P										
1S										
2P	286.5	-0.4		286.1	31.5	919.066	0.98361	904.003	0.8642	781.239
2S	285.4	-0.4		285.0	31.5	921.382	0.98361	906.281	0.8642	783.208
3P										
3S										
4P	287.4	-0.8		286.6	31.5	1,018.364	0.98361	1,001.673	0.8642	865.646
4S	286.2	-0.8		285.4	31.5	1,018.857	0.98361	1,002.158	0.8642	866.065
5P										
5S										
6P	294.2	-0.5		293.7	31.5	877.043	0.98361	862.668	0.8642	745.518
6S	295.5	-0.5		295.0	31.5	875.585	0.98361	861.234	0.8642	744.278
SLOP(P)										
SLOP(S)										
TOTAL					31.5	5,630.297		5,538.017		4,785.954

Remark

1. Table using by "ASTM D1555" with surveyor. ▼

2. Density was provided from the surveyor of the loading port.

3. Gauging & Temp' taken by UTI (S.NO: TFC-61244104) with surveyor.

4. Final Stopped by Ship & Shore

5. Ullages were taken in calm sea.

6. Cargo's Melting point: N/A as per MSDS

B/L Q'ty :	4,784.233	M/T
Ship's Q'ty :	4,785.954	M/T
Difference :	1.721	M/T
Percentege :	0.036	%

〈그림 3-10〉 얼리지 레포트의 예시

(2) 화물량 측정 장비

① 고정식 화물량 측정 장비

고정 장비는 선박에 고정된 화물의 양과 온도를 확인할 수 있는 장비이다. 일반적으로 〈그림 3-11, 12〉와 같이 CCR의 디지털 모니터와 연동되어 있으며, 그렇지 않은 경우에는 아날로그 식으로 표시된다. 고정 장비는 로컬(local)의 레이더와 센서를 이용하여 액체의 위치와 온도를 탐색하는 장치이다. 즉 탱크의 상갑판에 극초단파 송수신기를 설치하여 송신 주파수와 수신 주파수 차이는 안테나와 액면과의 거리에 비례하는 원리를 이용한 것이며, 액체와 증기의 경계면에서 반사되어 나오는 수신파를 수신하고 그 시간을 측정함으로써 알아내는 원리이다. 고정식 탱크 게이징 장비는 휴대용 측정 장비와 비교해야 하고, 주기적으로 보정되어야 하며 보정된 결과는 본선에서 적절하게 기록 및 보존해야 한다.

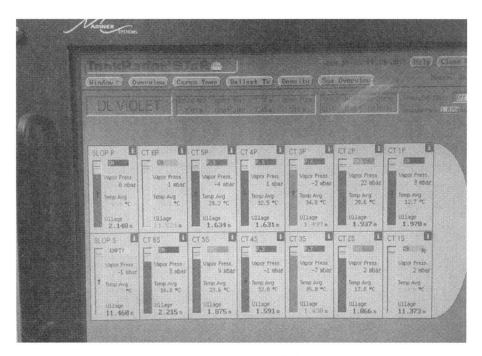

Tank Radar-모니터

Tank Radar-게이지

〈그림 3-11〉 고정식 탱크 얼리지 및 온도 측정 장치

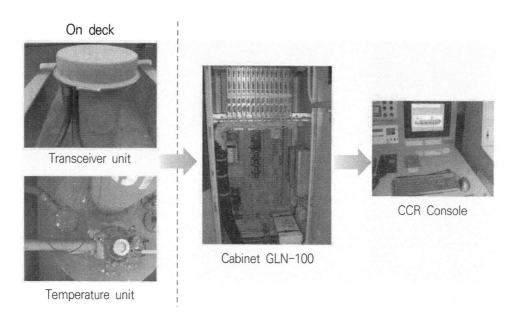

〈그림 3-12〉 고정식 탱크 얼리지 및 온도 측정 장치의 원리

② 휴대용 화물량 측정 장비

휴대용 장비는 선박에서 이동할 수 있으며, 게이징 홀(Gauging hole)에 연결되어 화물의 양과 온도를 확인할 수 있는 장비이다. 일반적으로 〈그림 3-13〉과 같이 UTI, MMC, sounding tape를 사용하며, 그림의 게이징 홀에 연결한다. 연결 후에는 게이징 홀에서 화물의 유독한 증기가 빠져나오지 않기 위하여 완벽하게 연결해야 하며, 밸브를 한꺼번에 열지 않고 단계별로 열어야 한다. UTI란 Ullage Temperature Interface detector로 직역 그대로 얼리지와 온도를 탐색하는 장치를 의미한다. 측정은 고정식과 휴대용의 방법이 다르지만, 계산은 얼리지 계산 테이블을 공동으로 이용하며, 트림과 경사를 수정해야 한다.

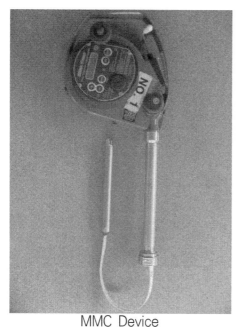

MMC Device

Gauging Hole

〈그림 3-13〉 이동식 탱크 얼리지 및 온도 측정 장치 및 장소

③ 화물 측정 장비 – 점검과 기록

화물 측정 장비의 테스트나 검사 교정 후 기록부에 기록 유지해야 하며, 최신 기록은 선박에 보존 유지되어야 하고 검사에 이용 가능해야 한다. 화물량, 온도와 수위를 측정할 수 있는 휴대용 측정 장비로 UTI 또는 MMC가 보급되어 있으며, 이것은 매년 육상에서 검교정을 실시하고 검교정 증명서는 검사에 대비하여 본선에서 보관해야 한다. 고정식 압력 및 온도 측정 장치의 검교정을 위해서 표준 압력, 온도계 검사도구가 보급되어야 한다. 〈그림 3-14〉는 사용(읽는 법)과 원리를 나타낸다.

UTI를 이용한 Deck에 있는 게이징 홀에 연결한다. UTI의 크랭크를 돌려서 센서와 테이프를 내린다. 센서가 유체에 닿으면 비프(Beep)음이 울리고, 그때의 레벨을 확인한다. 유체의 온도는 센서를 원하는 높이까지 내리면 표시기에 온도가 표시되는 것을 읽는다.

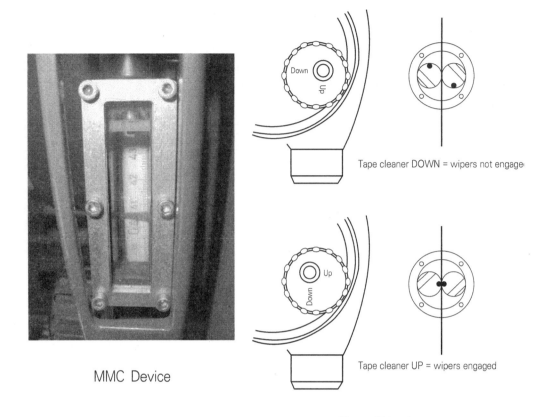

MMC Device

Tape cleaner DOWN = wipers not engage

Tape cleaner UP = wipers engaged

Tape Warping

〈그림 3-14〉 이동식 탱크 얼리지 및 온도 측정 장치의 사용 및 원리

2.2.6. 화물 선적 종료 및 기타 사항

(1) 화물 샘플링(Sampling)

화물의 샘플링은 화주가 화물의 이송 중에 화물의 상태를 확인하는 작업이며, 서베이어가 샘플링 할 때 선박 승무원과 동행하여 실시한다. 선적 작업에서 하나의 화물에서 필요한 샘플은 일반적으로 네 군데에서 채취한다. 육상 탱크, 본선 매니폴드, 선적하는 탱크의 one foot sample(또는 first foot sample), 선적 종료 후 탱크이다. 하역에도 비슷한 화물 샘플링을 수행하게 된다. 네 군데에서 채취하는 이유는 화물에 오염이 발생

한 경우에 책임 여부를 가늠하기 위함이며, 만약 본선 매니폴드에서 화물의 오염이 발생했다면 육상 라인의 오염을 의심해야 한다. 보통 해당 화물의 양하가 종료되고 본선에 6개월까지 보관한다. 터미널 측(육상 탱크)에서 받은 샘플에 대하여 선박에서 샘플링에 본선의 선원이 입회하지 않았기 때문에 "Receipt only"로 일반적으로 표시하는 관행이 있다. 〈그림 3-15〉는 화물 샘플의 예시를 보여준다.

〈그림 3-15〉 화물 샘플

(2) 히팅 화물(Heated Cargo) 선적

히팅 화물이란 화물의 이송에 있어 상온보다 높은 온도로 유지되어야 하는 화물을 의미한다. 화주의 선적 전/후, 운항 중, 양하 중 히팅 요구사항에 충족하기 위하여 화물을 선적 전 히팅 시스템을 전반적으로 점검하고 입항해야 한다.

케미컬 탱커의 히팅 시스템은 〈그림 3-16〉과 같이 Deck Heater Type과 〈그림 3-17〉과 같이 Heating Coil Type으로 구분된다. 두 종류의 차이점은 Deck Heater Type은 갑판 상의 히터에 steam으로 가열하여 화물을 히터를 통해 회전시키면서 화물의 온도를 상승시키며, Heating Coil Type은 탱크 바닥에 깔려있는 관으로 고온의 스팀이 통과하면서 화물의 온도를 상승시킨다.

히팅 화물(Heated Cargo) 선적 전 주의사항
- Steam line design pressure의 이상의 압축공기로 테스트를 실시해야 하고, 테스트 결과는 화물 서베이어에게 제출한다.
- 인접 탱크 동일화물이 아닐 시 열에 의한 자기반응을 방지하기 위해 히팅 장비와 코일을 사용하지 않는 항차 중에는 스팀이나 청수로 클리닝 후에 철저히 분리시켜야 한다.
- 선박이 특별히 고온 화물이나 고온으로 히팅하는 화물을 싣도록 설계되지 않는 이상 밸브, 펌프 및 가스켓(gasket)과 같은 본선의 설비와 구조재, 화물 탱크 도막에 손상을 줄 수 있다.
- 선장은 60℃ 이상의 온도로 선적하는 화물일 경우에는 회사와 사전 협의하도록 하며, 히팅 화물은 열에 의한 주의 조치를 다하여 작업해야 한다.

Deck heater type

〈그림 3-16〉 Deck heater Type

〈그림 3-17〉 Heating Coil Type

(3) 화물 종료 이후 화물 호스 분리

모든 선적 작업이 종료가 되면 화물 호스를 분리한다. 케미컬 화물의 이송이 완료되었을 때 마련된 절차는 파이프 라인의 화물 잔유물이 최소화되도록 하는 것이다. 그래서 호스를 분리하기 전에 파이프 라인을 공기(air)와 질소(N2)를 통해 불어주는 작업을 블로잉(blowing)이라 한다. 급작스런 상황에서 호스를 분리 할 때에도 가능하면 압력을 경감해야 한다. 에어와 연결하는 밸브는 〈그림 3-18〉과 같다. 호스 분리에 종사하는 선원들은 고독성 화물에 대하여 케미컬 보호복과 호흡구를 착용하는 것과 같이 화물의 위험에 대한 적절한 보호 장비를 착용해야 한다.

〈그림 3-18〉 blowing cock

(4) 압력의 유지를 위한 질소의 충전

화물 이송 종료 후에 육상의 요청 또는 화주의 요청이 있을 경우 질소로 화물이 산소와 접촉하지 않도록 덮어주는 작업이 블랭킷이다. 〈그림 3-19〉는 이너팅과 블랭킷의 차이를 보여주며, 블랭킷은 담요로 덮듯이 화물 위를 덮어주는 작업을 의미한다. 이때 질소의 충전은 본선에 설치된 질소 보관 탱크나 본선에 설치된 질소 제조장비로부터 질소가 보급되는 경우가 있으며, 그렇지 않다면 육상에서 질소를 제공해 주는 경우도 있다. 터미널에서 질소를 공급받는다면 즉시 통신이 가능하도록 하고, 선박은 질소를 블랭킷하는 기간 동안 화물 탱크 내 얼레지 스페이스의 압력을 주시해야 한다. 이 작업은 오일 탱커에서 자세히 다루었기 때문에 케미컬에서는 블랭킷만 다루기로 한다.

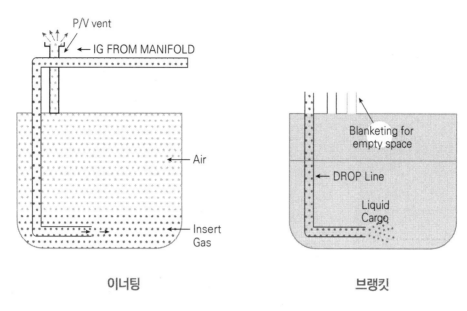

이너팅   브랭킷

〈그림 3-19〉 이너팅 및 브랭킷의 차이

3. 화물 양하(Cargo Discharging or Unloading)

3.1. 화물 양하 개요

화물의 양하는 화물을 육상의 탱크로 화물을 보내는 것을 의미한다. 화물의 양하는 선적한 화물 탱크에서 선박의 펌프(pump)를 이용한다. 일반적으로 화물 양하는 선적했던 라인방식을 그대로 유지하되, 필요시에는 클리닝이 된 화물 파이프를 사용하도록 한다. 화물 작업을 준비할 때 일반적인 주의 조치는 선적작업과 마찬가지이며, 양하 전, 도중에도 지속적으로 관찰되어야 한다. 이는 화물 작업과 관련한 화물 운용 계획에 대하여 터미널 책임자와 협의를 위한 업무미팅도 포함이 된다. 양하작업에서는 선적작업에 추가하여 펌프와 펌프 룸(pump room) 통풍장치와 같은 선박의 양하장비에 특별한 주의 관찰이 요구된다. 책임사관은 양하작업을 시작하기 직전 정확한 위치에 밸브가 개방되어 있고, 사용하지 않는 밸브의 닫힘 여부와 같이 화물관의 상태와 증기관의 상태를 확인해

야 한다. 육상 탱크로부터 선박으로 이너트(inert) 가스를 치환한다면 본선의 탱크는 주의 깊게 관찰되어야 하고 과압, 부압이 발생하지 않도록 필요한 조치를 취한다. 양하작업을 시작할 때와 양하작업 중 규칙적인 간격으로 화물이 누유되는 곳이 없는지 순찰을 시행토록 한다.

3.2. 화물 양하의 기초 절차

케미컬 화물의 양하도 선적과 마찬가지로 화물, 상황 및 운용 방식 등에 따라 절차는 다를 수 있지만, 기본적으로 다음과 같은 절차로 진행된다.
1) 화물 및 양하량
2) 화물 양하 계획
3) 화물 양하 절차에 따른 작업
4) 양하 후 화물의 잔류 상태
5) 양하 종료 후 작업

3.2.1 화물 및 양하량

일등 항해사는 선적 지시서와 마찬가지로 양하 지시서에 나온 그대로 양하를 계획해야 한다. 케미컬 탱커는 때때로 화물을 구분하여 하역하기도 한다. 예를 들면 울산에서 5,000M/T의 톨루엔을 선적하였을 때 1,000M/T은 싱가포르에서 하역하고 나머지 4,000M/T은 인도에서 하역할 수도 있다. 그래서 양하 지시서에 나온 그대로 양하를 계획해야 한다.

일반적으로 화물의 특성과 관계없이 양하 작업 전 아래의 주의사항은 일상적인 습관처럼 지켜져야 하며, 특정 화물의 경우 양하 지시서에 따라 추가적인 사항을 확인해야 한다. 하역 작업 전, 일등 항해사는 화물의 위험도가 2~4이거나 증기 흡입 위험도(급성 또는 만성) 3~4이면 화물 탱크 및 클리닝 개구부는 언제나 폐쇄된 상태로 작업이 되어야 한다. 현재 사용 중이 아니라면 모든 탱크의 얼리지나 검사 홀 등이 습기, 그을음이나

오염물질의 유입을 방지하기 위하여 가능한 폐쇄된 상태를 유지해야 한다.

3.2.2 화물 양하 계획

화물 양하 계획에는 하기의 항목을 포함해야 한다.

1. 탱크 레이아웃(해당 화물 탱크, 적, 양하항, 종류, 분류번호, 본선량과 가능하다면 선적된 모든 기타 화물과 발라스트)
2. 양하 순서
3. 발라스트 작업 계획
4. 선박 / 육상간 정보교환
5. 기본 화물정보
6. 당직 배치표 및 "화물 STANDING ORDER"
7. 비상 하역 중단 절차
8. 화재, 오염사고나 부두와의 이탈 시 비상 절차
9. 선박의 응력을 포함한 선박의 단계별 상태(25%, 50%, 75% 100%) 중요한 작업이나 상태의 변화가 큰 경우 적어도 매시간 각 탱크의 레벨을 포함한 선박의 상태가 보이도록 작성해야 한다.

3.2.3. 화물 양하 절차에 따른 작업

화물 양하 절차는 화물의 종류 또는 터미널의 사정에 따라 변경될 수 있지만, 선적과 다르게 기본적으로 본선의 펌프를 사용하는 것이기 때문에 본선이 계획한 대로 진행된다. 화물 서베이어와 본선 선원에 의하여 화물량 측정 및 샘플 채취가 종료되면 작업 전 주의사항이 지켜져야 하고, 다음의 사항에 대하여 양하 작업 라인업을 실시한다. 펌프 쪽의 라인업은 〈그림 3-20-1〉과 같이 석션 라인과 딜리버리 라인을 열고, 드랍 라인을 닫음으로써 라인업을 완료한다.

· 화물펌프의 배출 밸브

· 갑판 상/하 화물관 밸브
· 탱크 흡입 밸브
· 매니폴드 밸브

〈그림 3-20-1〉 펌프사이드 라인업

책임사관은 양하 작업 시작 전 라인업이 만족할만하게 준비되어 있는지 확인하고, 펌프와 라인의 모든 드레인 콕 등이 폐쇄되어 있는지 확인한다. 매니폴드 밸브는 육상의 책임자가 화물을 받을 준비가 끝나고 본선이 화물 작업을 수행할 수 있도록 모든 준비가 끝나기 전에는 개방해서는 안된다. 매니폴드는 〈그림 3-20-2〉의 왼쪽과 같으며, 케미컬 탱커에서는 주로 상갑판 중앙부에 메인라인이 집합되어 있는 부분을 의미하며, 화물 이송에서는 선박의 입구와도 같다. 항구마다 파이프 라인의 두께에 대하여 차이가 있기 때문에 이를 보완하고자 선박에서는 리듀서(reducer)를 이용하여 본선의 파이프의 두께와 육상의 호스 또는 로딩암과의 차이를 보완한다.

매니폴드

리듀서

〈그림 3-20-2〉 매니폴드와 리듀서

매니폴드와 육상의 이송장치가 연결되면, 펌프 배출을 시작이 다가옴을 의미하며, 본선의 펌프를 통해 양하 작업이 시작된다. 케미컬 탱커에서 일반적으로 〈그림 3-21〉과 같은 프라모(framo) 펌프를 사용한다. 프라모 시스템이 구축된 선박은 CCR에서 〈그림 3-21-1〉과 같이 Hydro Power Pack(HPP)를 이용하여 펌프의 사용 준비를 해야 한다. 펌프는 유체를 이동시킬 수 있는 수단이며, 화물창 내의 기름을 끌어올려서 육상으로 옮기기 위하여 펌프를 이용한다. 케미컬 탱커에서는 일반적으로 1개의 탱크에 1개의 펌프가 설치되어 있으며, 선적에는 육상의 펌프를 이용하여 화물을 선박으로 이송하며, 양하 시에는 본선의 펌프로 육상으로 화물을 이동시킨다.

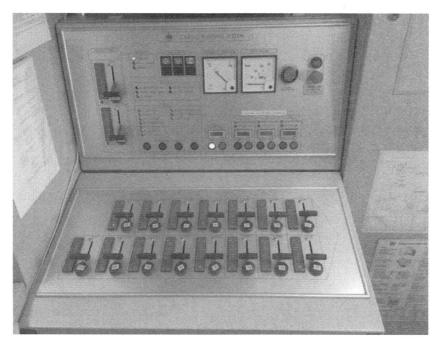

〈그림 3-21-1〉 HPP-Framo Pump System

HPP는 양하 작업에서 매우 중요한 설비이며, 유압을 통해 작동한다. 〈그림 3-21-2〉와 같이 HPP의 전원과 알람, 꺼짐에 대한 패널이 있다. 오일 레벨은 95% 이상 40% 이하여야 하며, 시스템 압력은 40바(bar) 이하로 유지해야 한다. 유압을 이용하기 때문에 오일의 온도가 60도 이상이 되면 오일 온도 high 알람이 발생한다. 그래서 프라모 펌프 사용 전, 사용 중에는 항상 HPP의 상태를 수시로 확인해야 한다.

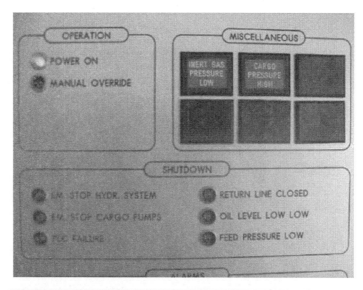
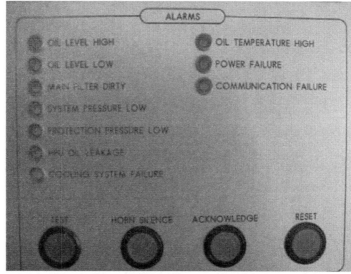

〈그림 3-21-2〉 HPP-Framo Pump System Alarm Panel

양하 작업은 초기 저속으로 시작하고, 일단 펌프가 시작되면 책임사관은 아래의 사항을 확인해야 한다.

- 선박 육상의 로딩 마스터와 협의된 back pressure를 초과하지 않는 경우
- 타 탱크, 펌프룸, 코퍼댐, 갑판상과 선외로의 화물 유출
- 화물 작업이 공통관이나 점핑 호스를 통해서 2개 이상의 탱크가 동시에 양하하는 경우에는, 배출압력의 불균형이나 밸브의 잘못된 조작으로 인해 어느 한 쪽의 양하가 안될 수 있음
- 모든 작업이 정상으로 이루어질 때 선박, 육상과 협의한 한도 내에서 펌프 속도를 증가시켜 최대 압력까지 올릴 수 있으며, 이때에는 작업 시 안전 주의, 화물의 특성, 충분한 인원배치 및 압력 등을 고려
- 화물 탱크는 협의된 back pressure로 올리기 위해 가능한 빨리 양하
- 양하 작업의 종료 시점의 탱크 스트리핑 작업 전, 펌프의 손상을 방지하기 위해 속도를 낮추어야 함
- 양하 작업이 끝나면, 펌프 흡입, 탱크 토출 밸브 및 매니폴드는 닫아야 함

펌프 사진

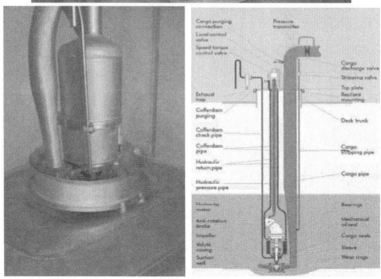

프라모 펌프 원리

〈그림 3-21〉 펌프와 프라모 펌프와 원리

3.2.4. 양하 후 화물의 잔류 상태

양하 후에는 최종 화물 양하량을 측정해야 한다. 일정 수준 이하가 되면 화물량 측정 장치로는 측정이 불가하기에, 화물부족으로 인한 클레임이나 슬롭을 최소화하기 위해 화물은 충분히 스트리핑(stripping) 되어야 하고 탱크는 드라이(dry) 되어야 한다. 일반적으로 화물 운송 계약서에 0.5%(또는 0.3%) 이상의 화물 부족은 손해 배상규정이 적용될 수 있다. 케미컬 탱커에서는 펌프 웰(well) 또는 석션 웰(suction well)이라고 하는 펌프 쪽에 움푹 파여 화물이 고여 있는 지점이 있다. 적은 양의 화물을 양하하는 방법이 위의 스트리핑이며, 스트리핑을 위해서는 펌프의 압력조절과 동시에 본선의 트림(trim) 및 힐링(heeling)이 적절해야 한다. 〈그림 3-22〉는 스트리핑 시, 에어 호스를 연결하는 작업을 보여준다.

〈그림 3-22〉 스트리핑 시 에어 호스의 연결

트림 및 힐링은 발라스트 주입, 이동 또는 양하 순서를 조정함으로써 트림이나 힐링을 조절할 수 있으며, 양하 작업 중 트림이 전장의 0.5%보다 적어서는 안된다. 최대 배출을 위해서 탱크 내 펌프 웰 위치에 따라 적절한 힐링을 줄 수 있다. 예를 들어 펌프 웰이 스타보드 선미 쪽에 있는 경우, 힐링은 포트쪽으로 기울이고 트림은 by the stern으로 기울인다. 하지만 과도한 트림이나 힐링은 피해야 하며, 그에 따라 계류색이 조정되어야 한다. 일반 탱커에서 트림은 수선간장의 2.0~2.5%, 힐링은 0.5도 이내에서 양하 작업이 통용되고 있다.

화물 잔량은 화물 작업이 끝나는 즉시 화물 호스나 공통 라인을 포함한 화물 파이프의 잔류는 최대한 제거하며, 특히 중합반응이나 높은 어는전을 가진 화물은 더욱 그러하다. 화물관에 남은 잔류량을 선박의 다른 탱크로 처리하였다면 수용할 수 있는 정도의 잔량이어야 하며, 화물 잔유의 경우도 분리가 철저히 이루어져 혼합 시 위험한 반응이 발생하지 않도록 해야 한다. 물과 위험하게 반응하는 화물인 경우, 습기가 있거나 물이 있는 탱크로 잔유를 처리해서는 안된다. 특별한 절차와 주의가 취해지지 않는다면 그런 화물이 적재된 탱크나 관에 물로 클리닝 작업을 실시해선 안된다. 화물 호스와 관의 압력은 호스 분리 전에 철저히 제거해야 한다. 화물 잔유물과 클리닝수는 P&A Manual에 요약된 MARPOL 부속서 II(또는 I)의 규정에 따라 처리되어야 한다.

케미컬 탱커에서는 때에 따라 스퀴징(squeeging)을 수행해야 하는데, 이것은 동식물유와 지방의 소제를 의미한다. 스퀴징 작업은 일반적으로 펌프로 화물을 양하한 후에 반액체화물 잔유물을 펌프 웰 쪽으로 밀어내는 것을 의미한다. 이때 선원들은 화물 탱크라는 밀폐구역 안으로 들어가야 하며, 이에 따른 작업 절차를 지켜야 한다.

대부분의 동식물유 화물은 히팅이 필요한 화물이며, 히팅에 따라 일산화탄소 등과 같은 인체에 무해한 성분이 발생할 수 있다. 그래서 스퀴징을 시작하기 전에는 호흡구의 착용없이 출입을 안전하게 하기 위해 화물이 양하되는 동시에 산소의 농도가 21%에 도달하도록 기계적인 통풍을 시행해야 한다. 또한 책임사관은 사람들이 탱크로 진입 전, 밀폐구역 출입허가서를 발행해야 하며, 통풍은 스퀴징 작업 내내 계속되어야 하고 책임사관은 작업 기간 동안 탱크의 입구 측 통로에서 감시자로 대기하고 있어야 한다. 이러한 작업은 출입하기 전에 선장에 의해 인가되어야 한다. 만약의 사태에 대비하여 구조 / 의료팀이 조직되고, 구조 / 의료 장비를 즉시 사용할 수 있도록 준비해야 하며, 이 작업에 종사하는 선원들은 산소 / H2S / CO를 감지할 수 있는 휴대용 검지기를 착용한다. 검지기가 산소 농도 21% 이하로 감지하면, 탱크 내 모든 선원들은 즉시 탈출해야 한다.

3.2.5 양하 종료 후 작업

모든 양하 작업이 종료되면 화물 호스를 분리한다. 케미컬 화물의 이송이 완료되었을 때 마련된 절차는 파이프 라인의 화물 잔유물이 최소화되도록 하는 것이다. 호스의 분리는 화물 잔유물의 드레인(drain)을 한 후에 시행하고, 급작스런 상황에서 호스를 분리할 때에도 가능하면 압력을 경감해야 한다. 호스 분리에 종사하는 선원들은 고독성 화물에 대하여 케미컬 보호복과 호흡구를 착용하는 것과 같이 화물의 위험에 대한 적절한 보호 장비를 착용해야 한다.

선적 작업에서 서술한 질소 브랭킷 상황 하에 운송되는 화물의 경우에는 양하 할 때 탱크로 공기가 유입되지 않도록 하는 것이 필요하다. 그래서 화물의 수위가 내려가더라도 질소의 정압은 일정하게 유지되어야 하기에, 질소 보관 탱크나 본선에 설치된 질소 제조장비로부터 질소가 보급되고 탱크 내부의 얼레지 스페이스로 유입된다. 질소가 육상 탱크로부터 보급되는 경우에는 사용되는 질소의 유입속도와 압력에 대한 협의를 사전 미팅에서 논의하는 것이 필수적이다. 정압이 요구된다고 할지라도 약 0.2Bar를 초과하지 말고 유입속도는 화물 벤팅(venting) 허용량을 초과하지 않아야 하며 과도한 정압이 발생하지 않도록 한다. 안전한 방법은 질소 보급 라인에 압력 제어장치를 사용하는 것이고, 파이프 라인에 있는 보정된 압력계는 압력수치를 보여줄 것이다. 터미널과 즉시 통신이 가능하도록 하고 선박은 질소를 충전하기 전, 화물 탱크 내 얼레지 스페이스의 압력을 주시해야 한다.

4. 발라스트(Ballast) 작업

4.1. 발라스트 작업 개요

발라스트(ballast)는 우리말로 선박 평형수를 의미하며, 선적 작업과 양하 작업에는 항상 발라스트 작업이 동반된다. 케미컬 탱커의 발라스트 화물 도면은 〈그림 3-23〉 및 〈그림 3-24〉와 같이 간략하게 도식화 할 수 있으며, 이 그림은 콩스버그의 액체화물시뮬레이터 화면을 활용하였다. 여기에서는 발라스트 선적에 필요한 갑판 상의 설비와 그 위치를 확인할 수 있다. 현재에는 발라스트 탱크는 화물 탱크를 감싸고 있는 구조로 되어 있으며, 해수를 보통 많이 싣지만 청수도 실을 수 있다.

일반적으로 화물을 선적하는 경우에는 본선의 발라스트를 배출(De-ballasting)하게 되고, 화물을 양하하는 경우에는 발라스트를 주입(ballasting)하게 된다. 항구에서 발라스트의 주입과 배출 전에 본선 책임사관과 터미널의 책임자간에 서면으로 협의, 동의되어야 한다. 터미널 책임자의 명확한 합의서는 동시에 화물 작업과 발라스트만 싣도록 분리되지 않은 탱크에 발라스트를 싣기 전에 획득해야 한다. 발라스트는 항상 선체에 과도한 부하가 걸리지 않도록 주입 또는 배출되어야 한다.

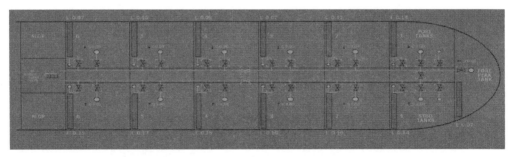

〈그림 3-23〉 케미컬 탱커 발라스트 탱크 도면(콩스버그 시뮬레이터 화면 사용)

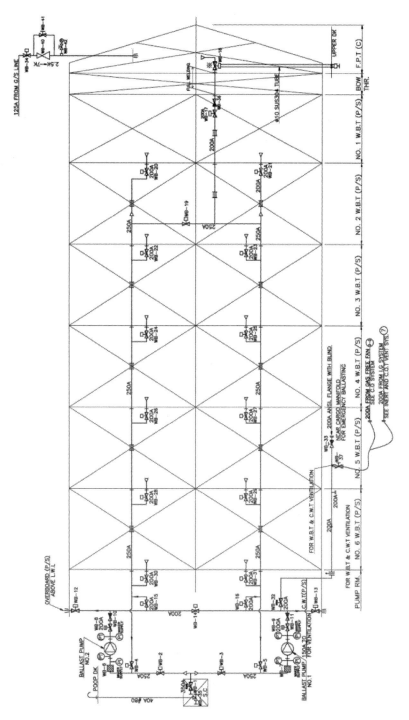

〈그림 3-24〉 선박의 발라스트 탱크 도면

4.2. 발라스트 작업 계획 및 절차

발라스트 작업은 화물 선적과 양하 시, 발라스트의 배출과 주입에 필요한 것이며, 발라스트 작업은 하역 작업 계획에 포함되어야 한다. 발라스트 작업 계획은 〈그림 3-24-1〉과 같고, 세밀하게 계획되어 항내에서 시간 지연이 없도록 하고 화물 작업 중에 종료되도록 작성되어야 한다. 선박이 발라스트만 싣고 항해하거나 부분 적재 후 항해 시에는, 항해 중 조우할 수 있는 기상 악화에 대하여 충분히 견딜 수 있는 흘수를 가지도록 충분한 양의 발라스트를 적재해야 한다. 항 내에서 발라스트의 주입 및 배출이 제한되는 항구가 있기에 육상 측과 반드시 논의되어야 하며, 극심하게 주변의 해수가 오염이 의심되는 경우 발라스트 작업은 회사와 논의되어야 한다.

오염된 발라스트가 항 내에서 적재된 경우 대양에서 청정한 발라스트로 교체되어야 하며, 교환 작업은 본선에 제공된 발라스트 관리 절차에 따라야 한다. 또한 선박은 MARPOL 협약이나 항만 당국에서 허가된 오염도 이상의 발라스트는 항 내에서 배출을 금지하고 있기 때문에 발라스트 배출 시에는 선박의 기름이나 연료유로 인한 오염 증상을 확인하기 위하여 감시되어야 한다, 만약 발라스트의 오염이 감지되면 즉시 작업은 중단되어야 한다. 추가로 오염된 발라스트를 환경에 민감한 지역에서 배출하는 것을 금하는데 발라스트가 천연이 아닌 특정 지역의 수생 유기물을 포함하고 있기 때문이다.

1st Parcel Cargo & Ballast Operation Sequence.

Voy.: 101		Port :	Yeosu, S.korea		Berth : GS CALTEX PRODUCT WHARF NO.03
CARGO TANK	**CARGO NAME**	**ULLAGE**	**25%**	**50%**	**75%**	**100%**
1P	GAS OIL	1.250	8.71 mtr (238.75 MT)	6.02 mtr (477.50 MT)	3.65 mtr (716.25 MT)	1.25 mtr (955.00 MT)
1S	GAS OIL	2.560	9.09 mtr (209.50 MT)	6.69 mtr (419.00 MT)	4.55 mtr (628.50 MT)	2.56 mtr (838.00 MT)
2P	GAS OIL	1.870	9.32 mtr (251.750 MT)	6.80 mtr (503.50 MT)	4.36 mtr (755.25 MT)	1.87 mtr (1007.00 MT)
2S	GAS OIL	1.860	9.31 mtr (251.750 MT)	6.79 mtr (503.50 MT)	4.35 mtr (755.25 MT)	1.86 mtr (1007.00 MT)
3P	GAS OIL	1.880	9.37 mtr (259.25 MT)	6.84 mtr (518.50 MT)	4.32 mtr (777.75 MT)	1.88 mtr (1037.00 MT)
3S	GAS OIL	1.880	9.36 mtr (259.25 MT)	6.83 mtr (518.50 MT)	4.30 mtr (777.75 MT)	1.88 mtr (1037.00 MT)
4P						
4S						
5P	GAS OIL	2.880	9.67 mtr (262.50 MT)	7.41 mtr (525.00 MT)	5.15 mtr (787.50 MT)	2.88 mtr (1050.00 MT)
5S	GAS OIL	2.830	9.64 mtr (262.50 MT)	7.37 mtr (525.00 MT)	5.10 mtr (787.50 MT)	2.83 mtr (1050.00 MT)
6P						
6S						
7P	GAS OIL	2.870	9.49 mtr (192.75 MT)	7.23 mtr (385.50 MT)	4.97 mtr (578.25 MT)	2.87 mtr (771.00 MT)
7S	GAS OIL	2.880	9.50 mtr (190.75 MT)	7.29 mtr (381.50 MT)	5.09 mtr (572.25 MT)	2.88 mtr (763.00 MT)
SP						
SS						
BALLAST TANK		**SOUND**	**25%**	**50%**	**75%**	**100%**
FPT		0.17				
1P WBT		12.50		5.84 mtr (338.23 MT)	0.01 mtr (6.76 MT)	
1S WBT		12.57		6.17 mtr (325.57 MT)	0.01 mtr (6.51 MT)	
2P WBT		0.11				
2S WBT		0.13				
3P WBT		12.10			9.26 mtr (375.67 MT)	0.01 mtr (4.03 MT)
3S WBT		12.10			10.22 mtr (375.13 MT)	0.01 mtr (4.41 MT)
4P WBT		0.11				
4S WBT		0.11				
5P WBT		12.13				
5S WBT		12.00				
6P WBT		0.10				
6S WBT		0.10				
7P WBT		0.22				5.27 mtr (323.15 MT)
7S WBT		0.11				3.60 mtr (323.51 MT)
	DRAFT FWD	3.24	4.92	5.69	6.32	7.17
	DRAFT AFT	5.05	5.16	5.76	6.37	7.18
BERTH DEPTH	TRIM	1.8	0.24	0.07	0.05	0.01
13.00	UKC	7.95	7.84	7.24	6.63	5.82
	DISPLACEMENT	9,458	11837	13615	15235	17464
	Max.S/F	76.0%	71.0%	79.0%	32.0%	29.0%
	Max.B/M	96.0%	84.0%	74.0%	64.0%	60.0%

Stresses shall be kept to a minimum. Ballast patterns, resulting in bending moments and shearing forces exceeding 90% of allowable maximums (sea going condition) shall be avoided.

〈그림 3-24-1〉 발라스트 계획의 예시

4.3 트림, 경사, 복원력과 선체 응력

일등 항해사는 하역 작업 중 여러 단계에서 응력과 복원력 계산을 실시하고 순간이라도 과도한 선체 응력이나 복원성을 잃는 순간이 없는지 확인해야 한다. 하역 작업 중에는 과도한 경사나 트림이 발생하도록 해서는 안되며, 항상 즉시 출항이 가능한 상태를 유지해야 한다. 이는 타 프로펠러 및 선수 선회장치가 수면 하에 잠기는 상태도 포함한다.

5. 탱크 클리닝(cleaning)의 기초

케미컬 탱커의 운용에서 클리닝은 다음 화물을 신기 위한 기본 작업으로, 탱크 클리닝은 필수적이나 잠재적인 위험이 있는 작업임을 인식해야 한다. 탱크 클리닝 중에는 엄격한 주의 조치를 다해야 하며, 가스 프리 작업 역시 일반적으로 케미컬 탱커에서 시행하는 가장 위험한 작업이다. 탱크 클리닝은 화물 탱크와 연관된 파이프의 소제 필요성은 오염을 방지하기 위한 화물의 질을 보증하는 요구로부터 시작된다. 탱크 클리닝의 방법은 일반적으로 직전에 선적하였던 화물의 특성에 좌우된다. 대부분의 경우 직전 화물을 양하한 이후에 다른 종류의 화물을 선적하기 위하여 화물 탱크의 클리닝이 필요하다.

탱크 클리닝은 원칙적으로 화물 잔유물은 완벽히 제거되어야 하고, 절차는 화물의 유형과 특성을 고려하여 결정되어야 한다. 가연성 화물을 선적하였던 탱크를 포함한 탱크 클리닝은 Tanker Safety Guide (Chemical) 7장, 11장과 ISGOTT Section 11.3의 상세한 안전 절차를 참조한다. 또한 안전한 탱크 클리닝을 위해 "Miracle Tank Cleaning Guide"를 참조한다. 화물이 광유인지, 동물유인지 케미컬인지에 따라 다르지만, 이에 대한 설명은 직무교육에서 서술한다. 이 교재에서는 탱크 클리닝의 절차와 사용되는 기기에 대해서만 서술하였다. 〈그림 3-23-1〉은 탱크 클리닝 시스템을 나타낸다.

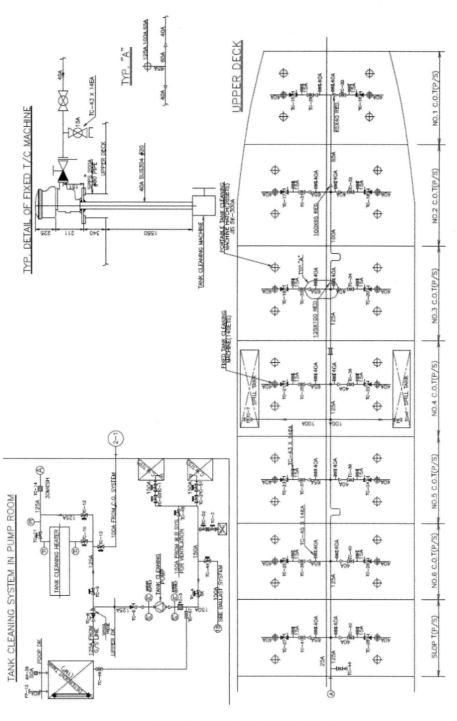

〈그림 3-23-1〉 탱크 클리닝 시스템

5.1. 탱크 클리닝 전 안전 미팅

케미컬 탱커에서 탱크 클리닝을 하기 전에는 어떠한 종류의 탱크 클리닝 또는 가스 프리 작업을 시행하기 전에 탱크 클리닝 사전 미팅을 진행해야 한다. 미팅에서는 아래의 사항을 포함해야 한다.

탱크 클리닝 순서

· 화물의 특성과 MSDS를 파악하여 선원과 관련한 위험에 대하여 숙지
· 독성, 인화성, 부식성, 반응성과 같은 클리닝 중에 발생할 수 있는 주요 위험
· 안전장비와 개인 보호 장비는 모든 작업을 포함하여 매니폴드에서 카고 호스를 떼고 붙일 때 사용 가능하도록 준비
· 클리닝 지침은 각 케이스 별로 작성
· 탱크 클리닝과 가스 프리 작업 중에 갑판상이 유증기가 없는지 확인
· 잔유 화물 및 클리닝수가 부주의로 바다로 배출되지 않는지 작업 전반에 걸쳐 일정한 간격으로 확인
· 클리닝과 관련된 모든 승조원들이 참조할 수 있도록 서면으로 된 클리닝 계획서를 작성하고 이용 가능하도록 해야 한다.

5.2. 탱크 클리닝 계획

일등 항해사는 탱크 클리닝을 시작하기 전에 아래 사항을 고려하여 계획을 〈그림 3-24〉와 같이 작성해야 한다. 계획은 모든 승조원에게 알리고, 작업 참여자는 서명하여 계획을 인지하였음을 확인해야 한다. 클리닝 절차에 대한 계획은 어떠한 상황에서도 정확하게 일치하도록 시행될 수는 없지만, 명확한 절차가 각 상황별로 채택되고 탱크 상태에 대한 전문적인 조사, 클리닝 장비, 기상 상태의 고려, 다음 적재 화물과 기타 사항이 클리닝 계획에 반영되도록 한다. 탱크 클리닝 계획은 〈그림 3-24〉와 같다.

(1) 클리닝과 가스 프리의 순서와 시간

(2) 클리닝 방법, 약품의 이름과 예상되는 사용량과 청수량

(3) 클리닝 시작 전 LEL이 10% 이하인지 확인

(4) 약품세정/스티밍 시작 전 LEL이 1% 이하인지 확인

(5) 안전한 클리닝을 위한 주의사항 및 기타 사항

(6) 이전에 실렸던 2~3가지 화물

(7) 선적될 화물과 선적 전 준비되어야 할 상태

(8) 가용 가능한 온도

(9) 탱크 코팅의 종류

(10) 이용할 수 있는 고정식 및 이동식 클리닝 머신의 수량과 종류

(11) 이용할 수 있는 클리닝 홀의 수와 위치

(12) 가용 인원

(13) 경제성의 고려

Tank Cleaning Plan (1/3)

Ship's Name : _____   Voy No. : _____ 100

Date : _____ 19-Oct-2020 _____   Place : _____ At sea

1) Cargo Specifications and Characteristics

| Tank No(s) | Cargo | | MARPOL / IBC | | Pre-Wash (Y /N) | Melting Point (°C) |
	Previous	Next	Category	Characteristics (Remark *)		
1P	LIGHT CYCLE OIL	GASOIL 50PPM	ANNEX 1	Flammable / Toxic	N	-48°C to 13°C
1S	LIGHT CYCLE OIL	GASOIL 50PPM	ANNEX 1	Flammable / Toxic	N	-48°C to 13°C
2P	LIGHT CYCLE OIL	GASOIL 50PPM	ANNEX 1	Flammable / Toxic	N	-48°C to 13°C
2S	LIGHT CYCLE OIL	GASOIL 50PPM	ANNEX 1	Flammable / Toxic	N	-48°C to 13°C
3P						
3S						
4P	LIGHT CYCLE OIL	MOGAS	ANNEX 1	Flammable / Toxic	N	-48°C to 13°C
4S	LIGHT CYCLE OIL	MOGAS	ANNEX 1	Flammable / Toxic	N	-48°C to 13°C
5P	LIGHT CYCLE OIL	GASOIL 50PPM	ANNEX 1	Flammable / Toxic	N	-48°C to 13°C
5S	LIGHT CYCLE OIL	GASOIL 50PPM	ANNEX 1	Flammable / Toxic	N	-48°C to 13°C
6P	LIGHT CYCLE OIL	MOGAS	ANNEX 1	Flammable / Toxic	N	-48°C to 13°C
6S	LIGHT CYCLE OIL	MOGAS	ANNEX 1	Flammable / Toxic	N	-48°C to 13°C
7P						
7S	LIGHT CYCLE OIL	GASOIL 50PPM	ANNEX 1	Flammable / Toxic	N	-48°C to 13°C
SLOP P						
SLOP S						

Remark (*) :

Corrosive / Flammable / Toxic / Reactive / T-F etc... and Dry Oil / Semi-Dry Oil / Non-Dry Oil

1. ICS "Tanker Safety Guide Chemical Chapter . 7" and OCIMF ISGOTT Chapter 11 "Tank Cleaning and Gas Freeing Procedure and Requirement" should be referred for safety cleaning operations.
2. All deck hands should be instructed and acknowledged on Company SMS PR-05 Chapter-06 Tank Cleaning.
3. Precaution for Static Electricity should be always made until all works are completed.
4. Safe to entry in COT and Danger to entry in COT should be clearly identified.
5. The action to be take in the event of an emergency : Refer to company emergency procedure & MFAG

Acknowledgement with Signatures

Date provided by C/M : ____ 18-Oct-20 ____   Date educated to crew : ____ 19-Oct-2020 ____

C/O _____   2/O _____   3/O(A) _____
3/O(B) _____   BSN _____   ABA _____
ABB _____   ABC _____   OSA _____
OSB _____

Approved by Master : ____ Date ____ 18-Oct-20 ____   Signatures _____

〈그림 3-24〉 탱크 클리닝 계획서

5.3. 탱크 클리닝

탱크 클리닝의 절차는 단계로 진행되며, 단계에 대한 요약은 아래와 같다. 각 단계는 하부 절에서 서술한다.

5.3.1 사전-클리닝(Pre-Washing)

5.3.2 클리닝(Cleaning)

5.3.3 린싱(Rinsing)

5.3.4 플러싱(Flushing)

5.3.5 스티밍(Steaming)

5.3.6. 드레이닝 및 마핑(Draining and Mopping)

5.3.7 드라잉(Drying)

물(해수, 청수)은 탱크의 바닥 클리닝 또는 클리닝 머신을 이용한 클리닝에서 가장 일반적인 클리닝 도구이고, 다량을 즉시 이용 가능할 수 있어 효과적인 클리닝제일 뿐만 아니라, 대부분의 케미컬 탱커에서 필요시에는 클리닝수를 가열할 수 있다. 그럼에도 불구하고 때때로 클리닝의 효과를 향상하기 위해 적은 양의 케미컬 첨가제나 약품을 사용하는 것이 필요하다. 이전 화물이 가연성 화물인 경우, 어떤 경우든 가연성 화물을 적재했던 이후에 주변의 빈 탱크는 가연성이 있는 것으로 간주해야 하고 주의 조치를 다해야 한다. 클리닝 중에 확실하지 않은 장소의 대기에 폭발이 일어나지 않게 보장하는 확실한 방법은 발화할 수 있는 원인을 제거하는 것이다.

탱크 클리닝 시 대기의 상태는 이너트 상태 또는 대기의 상태를 확실하게 알지 못할 때로 구분하여 수행하게 되는데, 대부분의 경우에는 대기의 상태를 확실하게 알지 못하는 경우이다. 그렇기 때문에 폭발 사고가 발생하지 않도록 클리닝을 시작하기 전에는 다양한 주의사항이 있다. 이와 같은 사항은 직무교육에서 다루기로 하고, 이 교재에서는 단계에 대한 설명을 하기로 한다.

5.3.1. 사전-클리닝

사전-클리닝은 화물 양하 후에 해수 또는 유효한 매체를 클리닝 머신을 이용하여 클리닝하는 방법이다. 물에 용해되는 황산, 인산과 같은 무기산 또는 가성소다, 암모니아수와 같은 알칼리계 알콜류는 물과 잘 용해되기 때문에 충분한 양의 물만으로 사전-클리닝을 끝낼 수 있다. 고 휘발성 화물은 통풍에 의한 방법으로 제거될 수 있으나, 보통은 물로 클리닝을 한 다음에 증발시켜야 한다. 동물성 기름의 경우에는 찬물과 뜨거운 물을 사용하는 종류가 다르기 때문에 미라클 가이드를 참고해야 한다. 가장 흔한 화물인 케미컬의 사전-클리닝은 충분의 양의 해수로 완벽하게 제거되어야 한다.

화물 응고 억제세(inhibitor)가 화물에 첨가되었고 탱크에 남아있을 경우, 다음 적재할 화물과 오염을 일으킬 수 있으므로 사전-클리닝에는 충분한 양의 해수를 사용한다. 특히 중합반응을 일으키기 쉬운 Monomer계 화물은 찬물로 사전-클리닝 되어야 한다. 뜨거운 물로 되었을 경우 화물 잔류물은 탱크의 벽에 남을 것이고 폴리머 막을 형성하여 화물탱크 내 코팅에 응고, 부착되므로 이러한 화물을 클리닝하기 위해서는 특별한 주의를 요한다. 〈그림 3-25〉는 사전-클리닝에서 탱크 클리닝 머신을 4m와 7m의 높이를 조절하는 방법을 나타낸다. 높이를 조절하는 이유는 머신의 높이를 조절함에 따라 머신의 노즐에서 분사되는 물질이 탱크의 벽면에 효과적으로 닿을 수 있다.

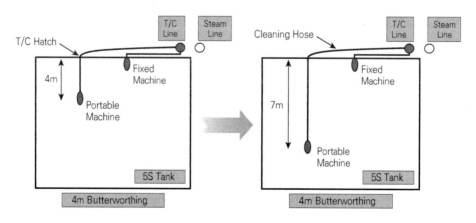

〈그림 3-25〉 사전 클리닝 머신 높이 조절의 이해

5.3.2. 클리닝

클리닝 단계에서는 희석된 용액의 약품이 사용되는데 이 용액은 보통 최소 섭씨 25℃ 도에서 최대 섭씨 75℃까지 히팅이 되고(이전 화물이 식용유일 경우 높은 온도가 더 효과적이다), 빈 탱크 또는 슬롭 탱크 중 편리한 곳에 저장하고 석션 라인에서 탱크 클리닝 펌프(또는 카고 펌프), 화물 탱크 및 카고 리턴라인을 거치는 과정을 통해 클리닝이 이루어진다. 저 인화점의 화물에 뜨거운 물을 사용할 시 필히 찬물 클리닝 이후에 해야 하며, 만약 뜨거운 물의 온도가 섭씨 60℃ 이상일 때 필히 가스농도의 증가 빈도를 감시해야 한다. 클리닝의 시작 후 통상적으로 탱크 진입은 불가능하므로 시작 전 확실한 준비가 클리닝에 필수적이다. 일반적으로 1시간에서 4시간 동안 계속되며, 화물자국이 남았다면 클리닝은 추가로 더 수행되어야 한다. 또한 벤트(vent) 라인과 P/V 밸브는 화물 탱크 클리닝을 할 때 동시에 클리닝되어야 하고, 책임사관은 화물 작업 시작 전에 이 장치들의 작동여부를 확인해야 한다.

5.3.3. 린싱

린싱은 탱크 벽면에 남아있는 약품의 잔유물이나 클리닝 머신에 의해 녹은 물질들을 제거하는 클리닝의 단계로 화물 탱크와 연결된 모든 파이프 라인과 밸브, 증기관을 클리닝하고, 특히 카고 밸브를 열고 닫기를 반복함으로써 확실히 클리닝을 완료할 수 있다.

5.3.4 플러싱

염분을 제거하기 위해서는 클리닝 머신을 이용하는 것보다 탱크 벽면에 직접 고무호스로 물을 뿌리는 것이 더 효과적이다. 아주 엄격한 탱크 검사가 요청되는 경우 (염분(chloride) 농도 0.5~2ppm 이하) 마지막 단계에서 증류수로 클리닝한다. 대부분의 청수는 염분농도가 20~30ppm이므로 엄격한 검사가 요구되는 경우 청수를 수급하기 전에 염분농도를 체크해야 한다. 이 단계에서 밸브와 파이프 라인의 염분을 제거한다.

5.3.5. 스티밍

스티밍은 케미컬 클리닝의 훌륭한 방법으로써 스티밍은 탱크 코팅의 미세한 구멍이나 균열에 남아있는 화물 잔유물, 탱크 내 가스, 염분을 제거하는데 효과적인데, 가연성 또는 독성의 위험이 존재하는 상태에서는 시행하지 않아야 한다. 스티밍의 원리는 데워진 화물 잔유물이 유동성을 갖게 하여 굳은 화물 잔유물에 용해성을 증가시켜 화물 탱크 바닥으로 흘러내리게 하는 것이다. 데워진 화물 탱크 구조물은 코팅의 틈, 작은 구멍이나 균열에 남아있는 화물 잔유물의 휘발성분이 증발하도록 촉진하고, 그 결과 냄새를 감소시킨다. 스티밍 라인은 〈그림 3-26〉과 같으며, 고온의 스팀이 지나가기 때문에 항상 주의해야 한다. 또한 스티밍을 하는 도중에는 정전기 발생의 위험이 있으며, 자기 반응 화물과 가연성 화물이 인접한 탱크에 적재되었다면 스티밍은 금지된다. 스티밍은 가스 프리가 되었을 경우에만 수행이 가능하며, 가스 프리가 확인되었다 하더라도 가연성과 독성 농도는 열에 의해 대기에서 증가할 수 있으므로 스티밍 중에는 자주 체크되어야 한다.

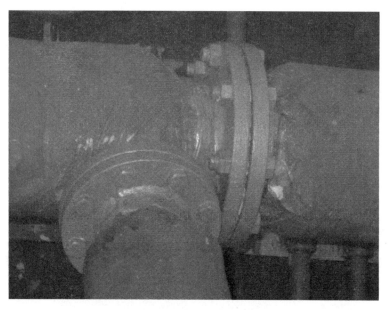

〈그림 3-26〉 스티밍 라인

5.3.6. 드레이닝과 모핑

이 작업은 탱크의 바닥, 밸브와 파이프에 남아있는 잔수를 제거하는 것이다. 카고 펌프와 밸브의 플러그는 드레인의 제거를 위해 열린 상태여야 한다. 벽에 분사된 해수나 잔수의 대부분은 공기구동형 펌프로 흡입되어 배출되나, 그렇지 않은 부분을 제거하기 위하여 인력을 이용하여 면 걸레로 닦아 제거함으로써 클리닝 시간을 단축하는 작업이다. 〈그림 3-27〉은 대부분의 잔수가 남아있는 탱크 내의 벨 마우스(bell mouth)를 나타낸다.

〈그림 3-27〉 탱크 내 펌프 및 펌프 웰

5.3.7. 드라잉

화물 탱크는 완전히 통풍되고 건조되어야 한다. 그리고 나서 잔유물이 남아있는지 점검한다. 남아있는 이물질은 걸레로 닦아내어 제거해야 하고 밸브에 남아있는 잔수는 양동이에 드레인된다. 이 단계에서 화물 탱크에 들어갈 때 깨끗한 일회용 슈즈 커버를 이용하는 것은 좋은 방법이다. 밸브와 플러그는 화물 검사관에 의한 검사가 완료될 때까지 열어두어야 한다. 완전히 환기된 탱크는 탈취 절차가 필요하고, 위의 절차를 다양하게 복합하여 클리닝을 마치고 이종 화물의 잔유물을 제거하는 것이 필요하다. 드라이를 위해 폭발성이 없는 고정식 팬을 이용하여 외부로 공기를 불어낸다. 저온 화물이 클리닝한 화물 탱크의 근처에 실린 경우, 축축한 매트를 깔아둔다. 탱크 내부 온도와 외부 환경의 온도의 차이로 인해 땀이 탱크의 천전에 종종 맺히므로, 통풍작업을 시행할 때 외부의 온도와 습기를 고려한다.

5.4 케미컬 클리닝 방법 및 시간의 계산

케미컬 클리닝 방법은 재순환(Re-Circulation) 방법을 일반적으로 사용하며, 핸드 스프레이(Hand Spraying)도 필요시에 사용한다. 첫째, 재순환 방법은 한 탱크에 물과 케미컬을 용제를 한 다음, 클리닝 라인을 통하여 재순환하여 탱크를 클리닝하는 방법으로, 일반적으로 화물 펌프로 석션하여 클리닝 라인을 통해 머신으로 보내 머신에서 다시 탱크로 보내어 재순환하는 방법이다. 이 방법은 히팅이 요구되지 않을 경우에 연료 손실과 소비하는 시간, 세제의 소모가 절약될 것이다. 하지만 재순환된 클리닝 액체는 다른 탱크에 재사용 하지 않아야 하며, 케미컬 첨가제(detergent)는 물의 온도가 60'C가 넘지 않을 때 사용이 고려되어야 한다. 둘째, 핸드 스프레이는 말 그대로 손으로 스프레이 노즐을 통해 분사하는 방법으로 최근에는 증류수를 사용한 스프레이만 허용한다.

클리닝 시간의 계산은 아래의 정보를 포함해야 한다. 일반적으로 클리닝에 필요한 시간 계산은 고정식 머신의 경우, 요구되는 클리닝 머신수 곱하기 순환주기 시간의 클리닝 머신 수이다.

· 클리닝 펌프의 압력과 배출량
· 클리닝 할 탱크 수
· 각 탱크의 고정식 머신 수와 주어진 압력에 대한 순환주기의 시간과 출력
· 사용할 이동식 머신의 수와 순환주기의 시간과 출력
· 다음 화물을 싣기 위해 요구되는 청결도 등

5.5. 탱크 클리닝 설비와 장치

탱크 클리닝 설비와 장치는 클리닝 머신(machine), 펌프, 히터, 제어와 계기, 공급관, 기타 기기 등이다.

(1) 클리닝 머신

클리닝 머신은 고정식(fixed)과 이동형(portable)으로 구분된다. 회전식 클리닝 머신의 복합체를 기본으로 하며, 〈그림 3-28-1〉과 같다. 추가로 클리닝 머신의 도면은 〈그림 3-28-2〉와 같다. 탱크 클리닝 작업 중 기본적으로 사용되는 설비로써, 그림과 같이 물의 공급 압력을 통해 토출부가 회전하면서 탱크 내부 벽면을 클리닝하게 된다. 그래서 고정식 클리닝 머신의 설계는 안전을 위한 구조물의 재질, 클리닝수의 토출량, 정전기의 발생에 관한 법적 요건에 부합해야 한다.

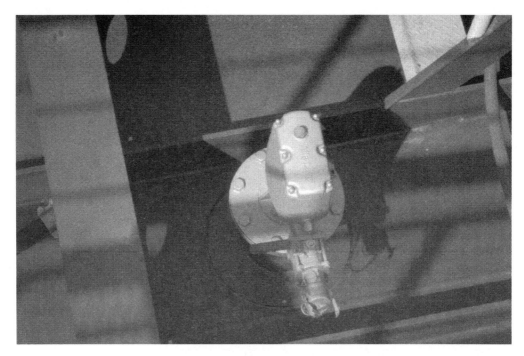

고정식 클리닝 머신 외부

고정식 클리닝 머신 토출부

〈그림 3-28-1〉 고정식 클리닝 머신

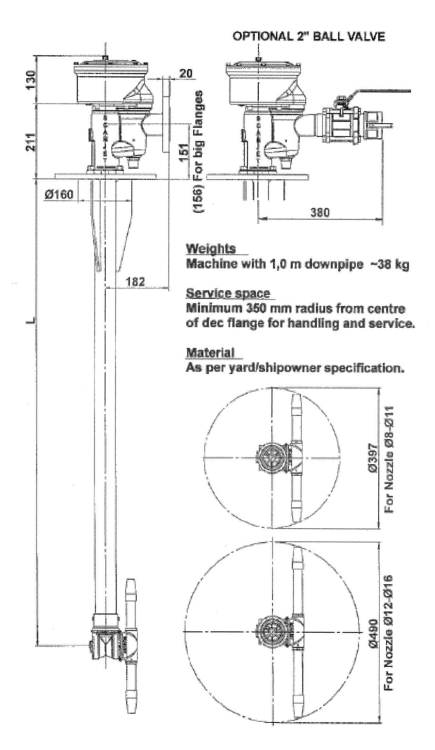

OPTIONAL 2" BALL VALVE

Weights
Machine with 1,0 m downpipe ~38 kg

Service space
Minimum 350 mm radius from centre
of dec flange for handling and service.

Material
As per yard/shipowner specification.

〈그림 3-28-1〉 고정식 클리닝 머신 도면

이동식 클리닝 머신과 호스는 고정식 클리닝 머신에 추가하여 클리닝에 이용되며, 시간의 단축 및 고정식으로 커버되지 않는 공간을 이동식을 통해 보완하는 역할을 한다. 이동식 클리닝 머신과 호스는 〈그림 3-29〉와 같으며, 이동식 클리닝 머신의 외부 케이스는 화물 탱크의 내부 구조물과 접촉 시 스파크의 유발을 발생시키지 않는 재질로 제작되어야 한다. 또한 이동식 호스는 식별을 용이하도록 지워지지 않게 표기되어야 한다. 이동식 클리닝 머신은 적당한 결합 방법이나 외부에 접지 와이어를 부착하는 방식으로 이동식 클리닝 호스에 전기적으로 접지되어야 하며, 이동식 클리닝 머신은 클리닝 호스로부터 느슨해져서 떨어지지 않도록 자연 섬유 로프로 매듭을 지어 지지되어야 한다.

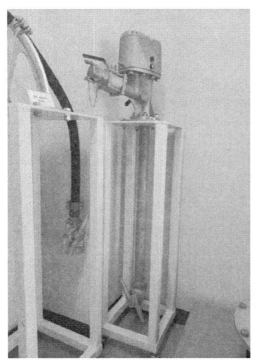 

클리닝 머신 및 호스 　　　　　　　　이동식 클리닝 머신

〈그림 3-29〉 이동식 클리닝 머신 앤 호스

(2) 펌프

케미컬 탱커는 일반적으로 1 펌프 1 탱크 시스템으로 구성되어 있기 때문에 화물 펌프를 클리닝에서도 사용한다. 독립 펌프든, 그룹 펌프든 간에 고정식과 이동식 클리닝 머신에 압축된 수압을 제공할 수 있어야 하고, 설계된 총 사용 머신의 숫자가 동시에 사용될 때의 용량보다 약간 초과하도록 펌프의 정격 용량이 설계되는 것이 바람직하다. 초과한 용량은 한 번에 하나 혹은 두 개의 머신이 사용된다면 약 10%정도이어야 하나 동시에 4개나 그 이상의 머신을 사용한다면 초과한 용량은 5%까지 줄어들 수 있다. 액체가 흐르도록 관통된 펌프의 일부분들은 뜨거운 물에도 견딜 수 있는 재질로 제작되어야 한다.

(3) 히터

히터는 펌프로부터 토출되는 물을 80℃로 가열할 수 있는 용량이어야 하며, 열 교환기는 펌프 토출부 쪽의 클리닝 물 공급 라인에 설치되고 바이패스 관이 설치되어야 한다.

(4) 제어와 계기

이 장치에는 냉각기에 적당한 수위가 유지되도록 액면 제어장치와 클리닝 물의 온도가 93℃까지 토출되도록 제한하는 온도 제어기가 포함되어야 하며, 펌프 룸과 갑판상 양쪽 탱크 클리닝 머신과 연결된 물 공급라인에 압력계와 온도계가 있어야 한다.

(5) 탱크 클리닝 주 공급라인

클리닝 주 공급라인은 일반적으로 $10kg/Cm^2$의 사용 압력을 견뎌야 하며, 크기는 과도한 압력 손실 없이 펌프로부터 토출되는 최대량을 이송할 수 있어야 한다.

5.6. 가스 프리(Gas freeing)

양하 작업 후 탱크의 가스 프리와 클리닝작업을 시작하기 전에 모든 탱크의 개구부(카고 해치, 에어 해치, 증기관 및 기타)는 잠겨야 한다. 머신 클리닝이나 스티밍에 의해 클리닝이 계획된 경우, 탱크 내부의 가연성 가스 농도는 클리닝이 시작되기 전에 점검되어야 하고, 가연성 가스의 농도가 해당 화물 LEL의 10%를 초과하는 경우, 가연성 가스의 농도를 낮추기 위해 가스 프리가 시행되어야 한다.

가스 프리 절차는 다음과 같다.

가스 프리 작업을 수행하는 경우에는 모든 승조원에게 알려야 한다. 탱크 바닥과 라인은 해수 플러싱에 의해 가스의 발생을 제한하여 가스 프리가 이루어질 것이다. 선박에 장착된 고정식 가스 프리 팬(fan)으로 탱크 내부의 공기를 치환하며, 이때 일등 항해사는 가스 프리 팬의 용량을 인지하고 있어야 하고, 가스 프리는 탱크 용량의 3~5배의 공기가 치환될 수 있도록 한다. 충분한 공기의 압력을 위해 메인 해치는 잠금 상태로 둠으로써 탱크 내부의 공기는 전체적으로 치환된다. 에어 해치는 나비 볼트를 걸고 살짝 열린 상태로 두고 증기관의 P/V 밸브는 완전히 열린 상태로 둔다. 그런 다음 가스 프리가 완료되면, 탱크 내부의 대기를 확인한 후 탱크 클리닝 작업을 수행한다.

P&A 매뉴얼에 언급된 클리닝을 위한 선박의 가스 프리 장치의 사용은 양하한 화물의 클리닝이 통풍의 방법으로 충분한 경우 MARPOL 2장 부속서 7의 규정에 따라 통풍에 의한 클리닝을 실시할 수 있다. 또한 화물의 양하가 증기관이 열린 상태로 시작하는 것(IBC code 17장 G항목 참조)이 허용되지 않는 경우, 가연성 가스나 독성 가스의 혼합물에 의한 위험(IBC code 8.5장)을 최소화하고 공기 중에 고루 퍼뜨리기 위해 탱크 내부의 증기는 LEL의 30% 이하가 될 때까지 통풍구를 통해 배출되어야 한다. 결과적으로 화물 탱크 내 가연성 가스의 농도가 LEL의 10% 이하로 줄어들면 가스 프리를 완료하고 다음 탱크 클리닝 단계를 시작할 수 있다.

5.7. WWT(Wall Wash Test)

케미컬 탱커에서는 화물의 종류가 다른 경우에 화주는 WWT를 본선에 요청할 수 있다. 이때 선박은 선적을 하는 항구에 도착하기 전까지 화주가 요구하는 WWT의 결과값을 준비하여 입항해야 한다. WWT는 HC 시험, 염분 시험, 알파(ARPA) 시험 등이 있으며, 이 교재는 기초에 관한 교재이기에 HC 시험과 염분 시험에 대해서만 서술한다. WWT의 작업은 일반적으로 일등 항해사가 화물 탱크 바닥에 내려가 메타놀(methanol)을 탱크 벽면에 분사하고, 벽면을 흐르는 메타놀을 다시 수거한다. 그 수거한 메타놀을 테스트 샘플이라고 부르며, 테스트 샘플을 테스트하여 화물 탱크의 오염도를 확인하는 것이다.

먼저, WWT를 위해서는 탱크에 진입해야 하기 때문에 밀폐구역 작업 책임자는 밀폐구역 작업 절차를 확인해야 하며, 화물 탱크는 건조한 상태가 되어야 하며, 탱크 진입하는 선원은 필히 슈즈 커버와 비닐 장갑을 착용해야 한다. 샘플을 채취하기 전 깔때기와 네슬러 튜브 등은 외부 이물질에 의한 오염을 예방하기 위하여 깨끗이 씻어야 한다.

① WWT 키트는 탱크 안에 들어갈 때나 나올 때 탱크 안으로 테스트 키트가 떨어지지 않도록 닫혀진 bag이나 목재 상자에 보관되어 있어야 한다.

② 슈즈 커버나 새로운 비닐 장갑을 껴야 한다.

③ 샘플을 채취하기 전에는 메타놀로 샘플받이를 씻어야 한다.

④ 탱크 벽을 메타놀로 씻어 바닥으로 1.5m의 위치에서 폭 1m x 30cm 지역으로 격벽의 선수, 선미, 좌, 우현 4군데로부터 샘플을 채취해야 한다.

⑤ 샘플을 채취하는 것은 적정한 장소에 취하는 것이 바람직하고 표준치로써 설명할 수 없는 구석진 곳에서는 채취하지 말아야 한다.

⑥ WWT하는 동안 탱크 안에서 땀이 나지 않도록 주의하고 침액이나 물이 샘플병이나 샘플받이 안으로 떨어지지 않도록 주의해야 한다. 샘플을 채취하는 동안 주의가 적절한 결과가 나오도록 보장하는 것이 중요하다.

⑦ 각 탱크를 위해서는 WWT 1,000cc의 메타놀이 요구되며, 이 양은 약 200cc가 실

제로 샘플 병에 수집된다. 탱크 안에 샘플 장비를 철저하게 씻고 깨끗한 bag 안에 저장해야 한다.

HC 시험은 케미컬 화물에 포함되어 있는 HC를 검출하기 위한 시험이며, 과정은 아래와 같다. 100cc의 네슬러(nessler) 튜브 안에 WWT 샘플 50cc를 채우고 50cc의 증류수(Distilled Water)를 첨가한다. 혼합물은 흔들고 20분 동안 놓아둔다. 본선의 샘플의 농도를 확인하기 위하여 표준 시약을 제조한다. 표준 시약은 〈그림 3-30〉과 같으며, 순수 메타놀 50cc와 증류수 50cc를 섞은 후에 표준 시약을 제조한다. 이후에는 표준 샘플과 본선 샘플을 비교하며, 그 탁기에 따라 〈표 3-1〉과 같이 비교하면 현재 본선 샘플의 HC 수치를 확인할 수 있다.

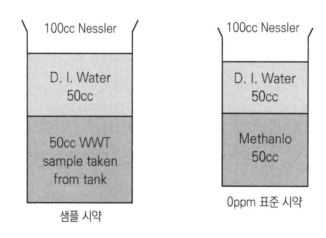

〈그림 3-30〉 HC 시험

Sample Appearance	Hydrocarbon content
Nearly Clear	0.5 PPM
Little Cloudy	1 PPM
Moderately Cloudy	5 PPM
Cloudy (Milky) / Bluish tint	More than 10 PPM

〈표 3-1〉 HC 시험 수치 확인

염분 시험(Chloride test)의 목적은 탱크 벽에 염분 성분이 존재하는가를 탐지하는 것이다. 염분 성분은 용액을 흐리게 만드는 염화은을 형성하는 질산은 용액에 반응을 나타내기 때문에 이 반응을 활용하여 시험한다. 염분성분 시험은 〈그림 3-30〉과 같이 본선 샘플을 제조한다. 50cc의 본선 탱크에서 채취한 메타놀 샘플, 20% HNO3 2cc, 2% AgNO3 2cc, 증류수 46cc를 100cc의 네슬러 튜브에 채운다. 혼합물은 흔들고 약 10분 동안 세워 둔다. 튜브에 혼합물은 〈표 3-2〉와 〈그림 3-31〉과 같이 스탠다드를 만들고, 본선 샘플과 비교하여 본선 탱크의 염분기를 확인한다.

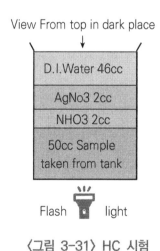

〈그림 3-31〉 HC 시험

PPM	Methanol	20% HNO3	2% AgNO3	10PPM Standard CL	DI Water	Total
2 PPM	50 cc	2 cc	2 cc	8 cc	38 cc	100 cc
1 PPM	50 cc	2 cc	2 cc	4 cc	42 cc	100 cc
0.5 PPM	50 cc	2 cc	2 cc	2 cc	44 cc	100 cc
0.25 PPM	50 cc	2 cc	2 cc	1 cc	45 c	100 c

〈표 3-2〉 염분 시험 스탠다드 수치 확인

2 PPM	1 PPM	0.5 PPM	0.25 PPM
D.I.Water 38cc	D.I.Water 42cc	D.I.Water 44cc	D.I.Water 45cc
10 PPM Standard CL 8cc	10 PPM Standard CL 4cc	10 PPM Standard CL 2cc	10 PPM Standard CL 1cc
AgNo3 2cc	AgNo3 2cc	AgNo3 2cc	AgNo3 2cc
NHO3 2cc	NHO3 2cc	NHO3 2cc	NHO3 2cc
Methanol 50cc	Methanol 50cc	Methanol 50cc	Methanol 50cc

샘플 시약

〈그림 3-32〉 염분 시험 스탠다드 제조

추가로 과망간산염 시간 시험(Permanganate time test, PPT)이 있으며, 이 시험의 목적은 산화 물질이 존재하는가를 검증하는 것이다. 중성 용액에 과망간산 칼륨에 반응하는 물질은 노란 용액의 색깔인 이산화물을 망간화하여 그것을 감소시킨다. 과망간염 test에서는 표준용액의 색깔에 test용액을 위해 요구되는 시간이 측정된다. 시험용액의 색깔이 핑크-오렌지에서 노랑-오렌지로 변한다. 과망간산염 시간 시험의 과정은 본선 샘플 50cc를 채우고 0.02% KMno4 (2cc)를 100cc 네슬러 튜브에 넣는다. 메타놀 50cc를 채우고 0.02% KmnO4를 다른 100cc 네슬러 튜브에 첨가한다. 혼합물을 흔들고 나서 자주색이 오렌지색으로 변할 때까지 기다려야 한다. PTT를 위해 요구하는 시간은 다음과 같다. -15℃℃에서 약 50분 이상, 25℃에서 30분, 28℃에서 20분 이상이다.

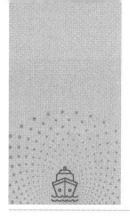

제4장
위험통제와 안전관리
(화물의 위험과 제어 및 측정 장비)

4.1. 케미컬 탱커의 위험성 개요

탱커에 적재하는 대부분의 화물은 다양한 잠재적인 위험성을 가진다. 기름 또는 가스를 운송하는 탱커는 통상 하나의 화물이 다양한 종류의 위험성을 복합적으로 가지는 것이 보통이지만, 케미컬 탱커에는 다양한 화물을 운송하기 때문에 위험에 대하여 특수성이 갖게 된다. 케미컬 탱커는 다양한 화물을 운송하기 위하여 많은 수의 분리된 화물을 동시에 운송하도록 설계되었으며, 단일 항해에서 서로 다른 특성, 특성 및 고유 위험을 가진 많은 수의 화물을 운송할 수 있다. 또한 항구에서 여러 화물을 한 부두에서 동시에 처리할 수 있으며, 일반적으로 탱크 클리닝뿐만 아니라 양하 및 선적과 같은 다양한 작업을 수행한다. 그렇기 때문에 해상으로 산적된 케미컬 화물을 운송하기 위해서는 선박에 대한 전문적인 지식 및 장비 운용뿐만 아니라 이론적 및 실제적 전문 승무원 교육이 필요하다. 제2장에서 서술한 화물의 특성을 이해하고, 이 장에서는 화학 물질 운용과 관련된 잠재적인 위험에 대하여 서술한다. 이 요건의 특히 중요한 측면은 제2장에서 서술한 물질의 안전 데이터 시트인 MSDS를 이해하는 것이 수반되어야 한다.

일반적인 탱커에서 발생할 수 있는 위험은 아래와 같다.

- 건강 위험성(Health hazards)
- 환경 위험성(Environmental hazards)
- 반응 위험성(Reactivity hazards)
- 부식 위험성(Corrosion hazards)

- 화재 및 폭발 위험성(Explosion and flammability hazards)
- 발화원 및 정전기 위험성(Source of ignition and Electrostatic hazards)
- 독성 위험성(Toxicity hazards)
- 증기운. 증기유출 위험성(Vapour leaks and clouds hazards)
- 기타 위험성(Other hazards)

이 장에서는 탱커에서 발생하는 공통적인 위험성의 서술은 배제하고, 케미컬 탱커의 특수성을 감안한 인화성, 독성, 부식 위험성, 반응 위험성 및 기타의 위험성으로 구분하여 아래의 장에 위험성, 통제 및 예방 조치 등을 서술하였다.

4.1.1. 인화 위험성(Flammable hazards)

인화성 액체에 의해 방출되는 증기는 특정 비율의 공기와 혼합되거나 공기 중의 산소와 혼합되는 경우에 점화에 의하여 연소된다. 그러나 공기에 비해 증기가 너무 적거나 너무 많아서 증기와 공기 혼합물이 너무 희박하거나 너무 풍부하면 연소가 발생하지 않는다. 증기-공기 혼합물의 연소가 밀폐된 공간에서 압축될 경우에는 폭발성 파열 지점까지 압력을 빠르게 높일 수 있는 가스의 상당한 팽창을 초래한다. 또한 인화성 액체는 점화가 일어나기 위해 충분한 증기를 방출할 수 있을 만큼 높은 온도이거나 그 이상이어야 하며, 이 온도를 인화점이라고 한다. 일부 화물은 주변 온도에서 인화성 증기를 방출하고 대부분의 화물은 고온 또는 가열 시에만 방출한다. 각 제품의 가연성 특성에 따라 안전한 취급 절차는 다르기 때문에 MSDS를 참고해야 한다.

4.1.2. 독성 위험성

4.1.2.1. 독성의 정의 및 용어

케미컬 탱커의 위험성에서 독성 물질은 인체 건강에 해를 끼치거나 심각한 부상 또는 사망을 초래할 수 있는 물질이다. 물질이 피부에 흡입, 섭취 또는 흡수될 때 살아있는 조직에 손상을 입히거나 중추 신경계의 손상, 심각한 질병 또는 극단적인 경우 사망을 유발하는 위험을 의미한다. 이러한 결과를 생성하는데 필요한 노출량은 화물의 특성과 노출 기간에 따라 크게 다르다. 급성 중독은 고농도의 단기간 노출, 즉 단 한 번의 노출로 다량을 투여받을 때 발생하며, 만성 중독은 장기간 저농도의 노출인 반복적 또는 장기간 노출을 통해 발생한다. 독성은 통제된 조건에서 시험 용량을 기준으로 객관적으로 평가되며, 임계 한계값(Threshold Limited Value, TLV)으로 표현된다.

독성은 사람이 수정할 수 없는 화학 물질의 내재적 특성이며, 그 효과는 노출의 함수로 나타난다. 화물이 독성이 될 수 있는 일반적인 방법에는 삼킴(경구 독성), 피부, 눈 및 점막을 통해 흡수(피부 독성) 또는 증기 또는 안개로 흡입(흡입 독성)이 있다. 화학 물질은 다음 경로 중 하나 이상에 의해 독성이 있을 수 있다. 예를 들어 독성 증기와 안개는 호흡기를 통해 사람에게 가장 많이 영향을 주지만 피부를 통해 흡수될 수도 있다. 건강에 해를 끼치는 데 필요한 물질의 양(또는 용량)이 적을수록 물질은 더 독성이 있다. 어떤 경우에는 해독제를 투여하여 화학 물질의 독성 효과를 막을 수 있지만, 대부분의 경우 보호복, 호흡 장치 및 환기 절차를 올바르게 사용하여 위험을 방지하는 것이 중요하다. 케미컬 탱커 작업에서 액체와의 접촉 또는 증기 흡입이 가장 가능성이 높은 노출 형태이며, 일반적으로 적절한 절차와 개인 보호 장비의 적절한 사용은 노출을 방지하여 독성 영향을 방지한다.

독성은 급성 및 만성으로 구분될 수 있는데, 한 번의 노출로 거의 즉시 해를 입힐 수 있는 물질은 급성 독성이 있다. 일반적으로 독이라고 불리는 물질은 극도의 급성 독성을 가지고 있다. 반면 급성 효과를 일으키기에는 너무 낮은 용량에 지속적으로 노출된 후 그 효과가 나타나면 물질은 만성 독성을 나타낸다. 예를 들면 발암 물질(암 유발), 기형 유발 물질 및 돌연변이 유발 물질(생식기에 영향을 미침)이 있다.

주어진 물질에 대한 TLV 값은 사람이 독성 영향을 받지 않고 특정 상황에서 노출될 수 있다고 생각되는 공기 중 증기의 최대 농도를 의미한다. 다양한 전 세계 정부 기관이 TLV를 게시하고 있으며, 이것들은 안전한 위험한 조건 사이의 절대적인 구분선으로 간주되어서는 안된다. 모든 증기 농도를 최소로 유지하고 TLV 아래의 안전한 여유 정도를 유지하는 것이 좋다. 가장 잘 알려진 TLV 목록은 ACGIH(American Council of Governmental Industrial Hygienists)에서 발행하며, 이 값은 새로운 지식에 비추어 매년 업데이트되므로 최신 버전을 참조하는 것이 중요하다. ACGIH는 TLV의 세 가지 범주를 정의한다.

○ TLV - TWA (Time Weighted Average) : 일하는 동안 하루 8시간 또는 주 40시간 동안 경험할 수 있는 공기 중의 증기 농도이며, 이것은 가장 일반적으로 인용되는 TLV이다.

○ TLV - STEL (Short Term Exposure Limit, 단기 노출 한계) : 최대 15분 동안 노출이 허용되는 공기 중 유해 증기의 최대 농도를 의미하며, 하루에 4회 이하의 노출되어서 안 되며, 각각 최소 1시간 이상의 간격의 노출을 가정한다. 이 값은 항상 TWA보다 크지만, 모든 증기에 대해 제공되는 것은 아니다.

○ TLV - C (Ceiling) : 절대 초과해서는 안 되는 절대 최대값을 의미하며, 빠르게 작용하는 물질에만 제공된다. 순간적으로도 노출되어서는 안 되는 증기농도를 말하며, C 값은 유무(Yes/No)로 나타나는 경우가 많다 .

○ LD 50(Lethal dose : 치사량) : 대상 실험동물에 투여하여 48시간 내에 50% 이상이 죽는 치사량을 동물의 체중(통상 kg 단위 사용)당 투여량으로 표시한다. 사람에게는 대상동물에 대해 약 60배 정도를 치사량으로 계산한다. 화물이 구강을 통해 인체 침투 시 독성 위험성을 평가하는데 이용된다.

○ LC 50(Lethal concentration : 치사농도) : 독성 가스류에 대해 공기가 혼합된 가스를 대상 실험동물에 흡입시킨 경우 40시간 내 50% 이상이 죽는 치사 가스농도를

ppm, cc/m^{3}으로 표현한다.

독성을 예방하는 방법은 모든 독성 증기가 화물 시스템 내부에서 외부로 노출이 되지 않게 하는 것을 목표로 해야 하며, 노출이 없으면 독성 위험은 있지만 안전하다. 액체의 누출이나 증기의 방출을 예방하기 위해서는 닫힌 상태로 작업(closed cargo operation) 을 유지하는 것이 필요하지만, 일부 작업에는 불가피하게 화물의 증기가 나오는 경우가 발생할 수 있다(예 : 선박 매니폴드에서 호스 분리). 이러한 경우에는 작업자를 포함한 주변 선원들은 필요한 개인 보호 장비를 착용해야 한다. 대부분의 케미컬 증기는 공기보다 무겁고 갑판을 따라 흐르고 낮은 지점에 축적되는 경향이 있다. 따라서 대기 샘플을 채취하는 경우에는 농도가 가장 높을 가능성이 있는 낮은 지점에서 항상 채취해야 한다. 개인 보호 장구는 이 장의 I에서 다룬다.

다음과 같은 경우 선원이 전체 케미컬 방호복을 착용하는 것이 중요하다.

• 파이프 라인 및 기계의 누출 검사
• 우발적인 누출 및 유출 처리
• 호스 및 로딩 암 연결 및 분리
• 탱크에서 유골 및 샘플 채취(제한된 측정이 허용되는 경우)
• 가스가 없는 것으로 인증된 경우를 제외하고 펌프실, 코퍼 댐 및 탱크와 같은 밀폐된 공간에 들어가는 행위
• 펌프 및 장비 개방(인증된 가스가 없는 경우 제외)

4.1.2.2. IMO 코드 요구사항

IBC 코드는 화물을 취급하는 동안 또는 해상 운송 중에 사람이 독성 증기에 노출되는 것을 제한하는 방법에 대하여 다음과 같이 요구하였다. 첫째, 화물 증기를 배출하거나 육지로 반환하는 방법과 탱크 내용물을 측정하는 방법을 제어하여 유독성 증기 배출을 최소화한다. 사실상 모든 독성 화물은 승무원이 위험한 농도의 독성 증기에 노출되는 것

을 방지하기 위해 폐쇄되거나 제한된 탱크 게이지가 필요하다. 둘째, 펌프실과 같은 작업 공간의 환기를 지정하고, 선박이 증기를 감지하기 위한 장비를 휴대해야 하며, 개인 보호 장비를 제공해야 하며, 독성 증기가 거주 구역에 도달하기 전에 안전한 농도로 희석되도록 해야 한다. 셋째, 모든 급성 독성 제품과 모든 알레르기 민감제를 시각 및 청각 수준이 높은 탱크로 운반하도록 지정하여 우발적인 넘침 유출 가능성을 줄인다. 마지막으로, 펌프를 포함한 화물 배관과 독성 화물을 운반하는 탱크의 환기 시스템을 다른 제품이 들어있는 탱크와 분리하여 무독성 제품의 독성 오염을 유발하는 누출을 방지하고, 오염을 알지 못하는 인원의 후속 노출을 방지하도록 지정한다.

IBC 코드는 기름 연료 탱크에 인접한 가장 독성이 강한 제품의 보관을 금지한다. 다른 많은 무독성 화학 물질의 연소는 이산화탄소 및 일산화탄소 및 질소 산화물 등과 같은 독성 물질을 생성할 수 있다. 화학적 연소로 발생하는 화재를 다룰 때는 Self Contained Breathing Apparatus 장치를 사용하며, 연기 흡입으로 인한 주요 위험은 질식이다. 독성에 영향을 받은 선원은 신속하게 신선한 대기로 옮겨 산소를 공급한 다음 아래의 MFAG (Medical First Aid Guide for Use in Accidents Involving Dangerous Goods)에 표시된 대로 적절하게 응급 처치해야 한다.

4.1.2.3. 응급 처치 방법

의료 응급 처치에 대한 두 가지 기본 가이드는 독성 화물에 노출되었을 때 응급 치료에 관한 조언을 제공하며 International Medical Guide for Ships(MGS) 및 Medical First Aid Guide for Use in Accidents Involving Dangerous Goods(MFAG) 이다. 두 가지 가이드는 IMO, ILO(international Labor Organization) 및 WHO(World Health Organization)에 의해 공동으로 발간되었으며, MFAG는 MGS를 보완한다. 선박에서 이용할 수 있는 시설의 한도 내에서 치료하기 위한 조언을 제공하며, 일반적인 규칙은 화학 물질을 취급하는 동안 어떤 사람이 중독을 암시하는 증상을 보이면 MFAG에 따라 치료하고, 가능한 한 빨리 의사의 진찰을 받아야 한다는 것이다. 대양에 있는 경우에는 무선 통신을 이용하여 의료 조언을 구해야 하며, 의사가 탑승한 다른 선박에서도 도움을 받을 수 있다. MFAG에서는 중독의 일반적인 증상을 인식하는 방법에 대한 지침을 제공한다. 중독은 노출된 후 얼마 동안 나타나지 않을 수 있으나 예상치 못한 두통, 메스꺼움, 졸음, 정신 행동의 변화, 무의식, 경련 또는 고뇌 등의 증상이 나타난다. 이런 경우에는 선박의 응급처치자(의료 관리자)에게 연락하고, 중독을 의심해야 한다. 또한 MFAG에서는 즉각적인 응급 처치, 즉 경미한 부상자에 대한 치료 또는 피해자가 이동하여 추가 치료를 받을 수 있도록 하는 방법을 설명한다.

노출 정도가 적은 경미한 중독의 징후와 증상은 일반적으로 대부분의 사고에서 몇 시간 후에 해결된다. 그러나 더 많은 양을 섭취하거나 노출 기간이 연장되거나 케미컬 물질이 많은 독성이 있으면 증상이 며칠 동안 훨씬 더 오래 지속될 수 있다. 환자의 상태는 증기의 근원이 없어도 계속 악화될 수 있으며, 전신적 영향이 나타날 수 있다. MFAG 8장에서는 화학 물질이 체내에 들어간 방식에 따라 투여되는 응급 치료에 대한 일반적인 조언을 찾을 수 있다(예 : 피부 또는 눈 접촉, 섭취 또는 흡입). 화학 물질을 섭취한 경우 구토물이 호흡계로 들어가 노출 문제를 추가할 수 있으므로 환자를 구토하도록 해서는 안 되며, 물질마다 치료에 대한 조언을 확인해야 한다. IMO 코드에 나열된 독성 화물에 노출된 후의 적절한 반응은 MFAG 9의 표에 나와 있다.

4.1.3. 부식성

4.1.3.1 부식 위험성 및 물질

산, 무수물 및 알칼리는 가장 일반적으로 운반되는 부식성 물질 중 하나이다. 이러한 물질들은 인체의 조직을 빠르게 파괴하고 돌이킬 수 없는 손상을 일으킬 수 있으며, 선박 자재를 부식시킴에 따라 선박에 안전 위험을 초래할 수 있다. 특히 산은 대부분의 금속과 반응하여 가연성이 높은 수소 가스를 발생한다. 그렇기 때문에 화물 탱크, 파이프라인 등의 화물 시스템에 포함되지 않도록 주의해야 한다. 부식에 대한 위험을 예방하기 위해서는 노출을 방지하는 것이기 때문에 작업자는 부식성 물질을 취급할 때 적절하고 완전한 보호복을 착용하고 특히 눈 보호에 주의를 기울여야 한다. 선박 자체도 부식으로부터 보호해야 하며, 부식성 화물을 안전하게 보관하기 위해 화물과 원격으로 접촉할 가능성이 있는 모든 것을 포함하여 화물 탱크 및 파이프 라인 등을 부식 방지 재료를 사용해야 한다. 작업자와 선원은 농축된 산이 누출될 경우 일반 선박용 강철에 대한 부식 위험을 이해하고 있어야 하며, 실제로 이러한 사건 이후 선박이 파괴되는 사례가 종종 있다.

부식성 화물은 산, 염기성 또는 알칼리성 화물로 일반적으로 구성되며, 이를 구분하면 아래와 같다.

먼저, 산은 화학적 측면에서 물에 용해되면 수소 이온을 포함하는 물질이다. 고농도에서 많은 무기(또는 유기) 산은 연강을 부식시키기보다는 부동 태화한다. 그러나 산이 물에 희석될 경우에 빠른 부식이 발생한다. 가장 부식성이 강한 농축 산화물에는 질산, 황산 및 클로로 프로피온산이 포함되며, 포름산과 아세트산은 90% 이상의 농도에서 부식성이 높다. 또한 산은 다른 위험을 가질 수 있는데, 질산은 강력한 산화제이고 황산은 물과 격렬하게 반응한다. 일부 산은 부식성일 뿐만 아니라 독성으로 인해 신체에 다른 손상을 줄 수 있으며, 접촉 지점에서 산 화상을 일으킬 수 있다.

다음, 염기성 또는 알칼리성 물질은 물에 용해되면 염기성 물질이 수산화 OH- 이온을 생성한다. 대표적인 알칼리성 화물은 수산화나트륨(가성 소다, NaOH)이며, 물에 녹아 Na+와 OH- 이온으로 분해된다. 수산화칼륨 및 수산화나트륨과 같은 일반적인 무기 알칼리는 알루미늄 및 수은을 부식시키므로, 이러한 화물을 운반하는 경우에는 탱크 코팅에 주의해야 한다. 산과 염기성 물질이 함께 반응하여 염분과 물을 형성하며 종종 격렬한 열을 방출한다. 예를 들어 수산화나트륨과 황산은 반응하여 황산나트륨과 물을 형성하기 때문에 산과 염기성 물질이 섞이는 것은 충분한 주의가 필요하다.

부식 위험성에 대한 보호 조치는 독성과 마찬가지로 화물 탱크 및 파이프 라인 등에서의 노출을 피하는 것이다. 그러나 발생한 사고에 대해서도 보호 조치가 필요하다. 일반적인 작업복과 신발은 부식성 액체에 대한 보호를 할 수 없기 때문에, 부식성 액체를 취급할 때는 적절한 보호 장비를 착용해야 하며 눈 보호에 특히 주의해야 한다. 개인 보호 장비는 비상상황에서 선원들을 보호해주는 유일한 실용적인 수단이지만, 안전한 작업 관행과 올바른 운영 절차를 지키는 것만큼 안전을 보장할 수는 없다. 선원은 산을 포함 할 수 있는 장비를 열 때 적절한 보호복을 착용해야 하며, 얼리징, 샘플링, 호스 연결 및 분리, 펌프실 및 탱크 진입 등의 작업을 수행하는 경우에는 개인 보호 장비를 적절히 활용해야 한다.

4.1.3.2 IMO 코드 요구사항

IBC 및 BCH 코드에서는 케미컬 탱커에서 산을 운반할 때 인원과 선박의 안전을 보장하기 위해 건설 및 장비와 관련된 특정 조치를 지정하는 것을 권고한다. 적절한 부식 방지 재료로 구성되거나 안정된 부식 방지 재료로 완전히 코팅되어야 하며, 내부의 화물을 안전하게 격리해야 한다. 또한 이 코드에서는 부식성 화물이 운반될 수 있는 위치에 대해서도 권고하는데, 예를 들면, 선박의 외판의 경계와 인접한 탱크에 산을 운반해서는 안된다는 것이다. 선박 구조의 다른 부분이 누출로 인해 부식성화물과 접촉할 수 있기 때문에 화물 시스템에 인접한 공간으로 누출을 감지할 수 있는 장치가 있어야 한다.

4.1.3.3. 의료 응급 처치

부식성 화물에 대한 노출에 대한 조언을 제공하는 선박 내 의료 응급 처치에 대한 두 가지 기본 지침은 International Medical Graduates(IMGs)와 위험 구호와 관련된 사고에 사용하기 위한 MFAG이다. 둘 다 IMO, ILO 및 WHO가 공동으로 출판하였다. IMGs는 일반적인 질병에 대한 지침을 제공하며, MFAC는 IMGS를 보완하며 선박에서 사용할 수 있는 시설의 범위 내에서 화학 화상을 인식하고 치료하기 위한 조언을 제공한다. 일반적으로 화학 물질을 취급하는 동안 화학 연소를 암시하는 증상을 보이는 사람은 MFAG에 따라 치료를 받고 가능한 빨리 의사의 진찰을 받아야 한다. 대양에 있는 경우에는 무선 통신을 이용하여 의료 조언을 구해야 한다.

화학 화상의 응급 처치에 대한 구체적인 조언은 MFAG의 하위 섹션 6.7에 나와 있다. 화학적 화상은 화재 또는 전기 화상과 매우 유사하지만 화학 물질이 손상된 피부를 통해 흡수되어 중독을 통해 추가 손상을 일으킬 수 있는 추가 위험이 있기 때문에 화상을 인식(진단)하는데 도움이 되는 세 가지 증상을 확인해야 한다. 이러한 증상의 기본 권장 사항은 화학 물질 데이터 시트를 즉시 확인하고 의료 조언을 위해 무선 통신을 사용하는 것이다.

- 타는 듯한 통증, 접촉 지점의 발진
- 심한 경우 물집, 피부 및 기저 조직의 손실
- 메스꺼움, 구토, 두통, 호흡 곤란 및 혼란스러운 정신 상태

MFAG 섹션 5는 즉각적인 응급 처치, 즉 경미한 사상자를 위한 치료 또는 추가 치료를 시행할 수 있도록 피해자를 움직일 수 있도록 하는 방법을 설명되어 있다. 피부와 접촉한 경우에 피해자는 즉시 비상 샤워를 하여 부식성 물질을 대량의 물로 씻어 내야 한다. 피해자의 옷과 신발은 샤워 중에 벗어야 하며, 소량의 산이라도 눈에 들어간 경우에는 즉시 충분한 양의 물로 최소 1.5분 동안 또는 그 이상을 씻어 내야 한다. 화상은 쉽게 감염으로 발전할 수 있으므로, 치료를 하는 응급 의료자는 항상 자신의 손과 팔뚝을 씻은 다음 치료를 위해 멸균 재료를 사용해야 한다. 탈지면과 같은 재료는 화상 부위에 붙을 수 있으므로 화상을 청소하는데 사용해서는 안되며, 물집은 그대로 두어야 한다. 바셀린 거즈 드레싱은 화상을 덮기 위해 사용해야 하지만, 드레싱이 손상된 살에 달라붙지 않게 사용해야 한다. 부식성 화학 물질 그룹 또는 단일 화학 물질 그룹에 관한 응급 처치 내용은 MFAG 9장의 여러 표에 나와 있다.

4.1.4 반응 위험성

화학 물질은 물, 공기, 다른 화학 물질 등 여러 가지 방식으로 반응할 수 있다. 일반적으로 해상으로 운반되는 화학 물질은 안정적이며, 적절한 주의를 기울이면 큰 사고 없이 선적, 이송 및 양하할 수 있다. 그러나 일부 화학 물질은 적재된 상태와 동일한 상태를 유지하기 위해 특별한 주의가 필요하다. 본질적으로 화물 자체가 불안정하거나 공기, 물 또는 기타 물질과 반응할 수 있다. 반응은 혼합물의 구성을 변형하며, 위험한 반응은 열을 방출하는 반응과 위험한 증기 및 가스를 생성하는 반응이다. 열을 생성하는 반응을 발열 반응이라고 하며, 반응 속도는 관련 화학 물질에 따라 크게 다르지만, 열이 발생하면 반응 속도가 일반적으로 증가한다. 반응이 빨라지면 이는 곧 폭발을 발생할 수 있으며, 반응을 진행하기 위해 열을 흡수하는 화학 반응을 흡열이라고 한다.

반응 위험성을 가진 화학 물질은 다음과 같이 구분된다.

- 분해되거나 중합되는 불안정하거나 자체 반응하는 화학 물질
- 과산화물을 형성하거나 부패하기 쉬운 공기 중 산소와 반응할 수 있는 화학 물질
- 물과 반응하여 위험한 가스를 방출하는 화학 물질
- 함께 혼합하면 위험하게 반응하는 비 호환성 화학 물질

4.1.4.1. 자가 반응

불안정한 화학 물질은 다른 화학 물질과 반응하지 않고 자체 질량 내에서 반응하며, 분해되거나 중합되면서 반응한다. 분해되는 물질은 더 가볍고 휘발성이 높은 물질로 분해되며, 반응이 시작되면 열을 발생시키고 독성 및 인화성 가스를 방출한다. 분해는 너무 높은 온도에서 운반하거나 촉매 역할을 하는 소량의 다른 화학 물질(불순물)과의 접촉에 의해 시작되며, 촉매는 반응에 직접적으로 참여하지 않고 반응을 가속화시킨다. 가장 일반적인 분해 촉매는 산, 알칼리 및 금속이다.

발열 분해의 주요 위험은 유독성 및 인화성 가스 및 증기의 배출과 더불어 압력의 증가이다. 이를 방지하기 위하여 촉매를 중화시키는 안정제를 첨가하고 운반 온도를 조절

해야 한다. 중합되는 물질은 모노머(Monomer)인 원래의 화학 물질로부터 두 개 이상의 같은 분자의 조합에 의해 폴리머(Polymer)라고 하는 복잡한 응집체를 형성한다. 폴리머는 모노머보다 무겁고 점성이 있는 액체이다. 물질이 중합반응을 자발적으로 시작되면 자가 중합이라고 하며, 자가 중합은 일반적으로 높은 수송 온도에 의해 시작되는 경우가 많다. 화물이 자발적으로 중합되면 두 가지 위험이 따른다. 먼저, 반응 중 열이 발생하고, 그로 인해 탱크 내부에 과한 압력이 발생하여 탱크 시설이 파열될 수 있다. 다음은, 단량의 물질은 가볍고 휘발성인 액체이지만 중합 반응이 진행됨에 따라 더 무겁고 점성이 있는 액체 또는 고체를 생성하여 탱크 통풍구를 막아 탱크 내부의 압력이 더욱 증가할 수 있다. 이 경우에도 탱크가 파열될 수 있다. 이를 방지하기 위해서는 충분한 양의 적절한 반응 억제제(Inhibitor)를 첨가함으로써 운송 억제를 제어해야 한다.

IBC 코드는 제품 질량에 균일하게 분포된 첨가제(안정제 및 억제제)를 사용하고, 운송 온도를 제어함으로써 자가 분해 및 중합에 대해 취해야 할 예방 조치를 권고한다. 여기에서는 운송 중인 화학 물질의 제조업체를 아래의 인증서 형태로 첨가제에 관한 여러 가지 중요한 안전 지침을 선박에 제공할 책임을 지게 한다.

• 제품에 도입되어야 하는 첨가제의 양
• 첨가제가 도입되어야 하는 시기 및 효과가 예상되는 기간
• 첨가제의 효과와 수명을 보존하기 위해 충족되어야 하는 온도 조건
• 억제제가 효과적이 되기 위해 액체에 산소가 있어야 하는지 여부
• 항해가 첨가제의 효과보다 오래 지속할 경우 취해야 할 조치

대부분 억제제는 그 자체가 휘발성이 아니므로 화물과 함께 증발하지 않고 화물 증기에 있을 가능성이 낮다. 따라서 화물 증기가 응축되는 경우에는 내부에서 중합반응이 발생할 수 있어서 온도에 더욱 주의를 기울여야 한다. 그리고 IBC 코드에는 화물이 과도한 열에 노출되는 것에 관한 조항도 포함되어 있다. 예방 조치에는 불안정한 화학 물질에서 반응을 일으킬 수 있을 만큼 온도가 높은 화물이 근접한 탱크 또는 파이프 라인의 운송 금지, 히팅 코일 제어 등이 포함된다.

4.1.4.2. 산소와의 반응

산소와 반응하는 화학 물질의 한 그룹은 공기 중의 산소 및 액체 덩어리에 용해된 산소와 천천히 반응하여 불안정한 과산화물을 형성한다. 유기 과산화물은 일단 형성되면 열적으로 불안정하며 주된 위험은 정상 또는 고온에서 발열, 자기 가속 분해에 매우 취약하다는 것이다. 이러한 과정이 진행되면 폭발을 일으킬 수 있다. 과산화물 형성을 방지하기 위한 주요 예방 조치는 화물 탱크를 활성화하고 불활성 상태를 유지하여 공기가 제품과 접촉하지 않도록 방지하는 것이다. 물론 온도의 제어도 중요하다. 그 이유는 대부분 산소와 반응하는 화학 물질은 동물성 및 식물성 기름이며, 시간이 지남에 따라 공기와 만나 부패로 알려진 자연적인 과정을 거쳐 유해하고 독성이 있는 증기를 생성하고 탱크의 산소를 고갈시킨다. 독성 증기와 가스는 궁극적으로 유독할 뿐만 아니라 탱크 대기의 산소 소비는 더이상 생명을 지탱할 수 없음을 의미하며, 이러한 위험에 대한 주의 부족으로 인해 과거에 많은 사람들이 사고를 당했다. 온도 제어는 부패를 방지하기 위한 중요한 제어 방법이다.

과산화물 형성에 취약한 화물에 대해 IBC 코드는 불활성화를 포함하여 화물 탱크 내부의 환경 또는 대기를 제어하려는 조치를 권고한다. 산소 수준이 매우 낮은 불활성 가스가 필요하며, 케미컬 탱커에서는 질소가 선호된다. IBC 코드에서는 적재하기 전 화물 시스템에서 공기를 제거하고 적재된 탱크에서 양의 압력을 충족하며 운송 중 손실을 보상하고 유지하기 위해 충분한 불활성 가스를 사용할 수 있도록 요구한다.

4.1.4.3. 물과의 반응

공기의 습도를 포함하여 일부 화학 물질과 물의 반응은 인화성, 독성 또는 둘 모두의 가스를 생성한다. 이러한 화학 물질의 그룹은 물과 반응하여 형성하는 디이소시아네이트 그룹(예 : 톨루엔 디이소시아네이트)이며, 반응으로 인해 장비나 탱크 재료를 손상할 수 있는 소량의 화학 물질이 생성되거나 산소가 고갈될 수 있다. 그래서 질식성 가스인 이산화탄소 또는 그러한 화물이 운송되었거나 화물 누출이 의심되는 공간에 들어가기 전에 밀폐공간으로 들어가기 위한 주의사항을 지켜야 한다.

물과 접촉하여 위험한 가스를 방출하는 제품은 물과 완전히 분리된 상태로 건조한 환경에서 보관함으로써 안전하게 이송할 수 있다. 화물은 발라스트 탱크 또는 영구 밸러스트 탱크에 인접한 탱크로 운송해서는 안 된다. 단, 해당 탱크가 비어 있고, 건조되어 있는 경우는 제외한다. 또한 같은 수준의 분리를 위해서는 물이 포함된 파이프 라인(예 : 슬롭 또는 발라스트 라인)이 포함되지 않는 한 탱크를 사용해야 하며, 수증기가 발생할 수 있는 온도 제어가 필요한 화물 부근의 탱크에 선적하여서는 안 된다. 이러한 제품을 운반한 후 탱크 클리닝을 할 때 탱크를 물로 청소해서는 안 된다. 다른 세척 수단을 쓰거나 사용된 절차에서 위험한 가스가 방출될 것이라고 가정하고, 인원이 위험에 노출되거나 선박이 해를 입지 않도록 규정된 올바른 조치를 취해야 한다.

4.1.4.4. 다른 화물과의 반응

특정 가족에 속하는 화학 물질은 서로 접촉할 때 다른 가족의 화학 물질과 반응하는 것으로 알려져 있다. 이는 격렬하게 반응하므로 반응의 결과로 독성 가스 생성, 액체 가열, 화물 탱크의 넘침 및 파열, 화재 및 폭발이 발생할 수 있다. 이러한 화물은 인접한 탱크가 아닌, 서로 떨어져 보관해야 하며 별도의 적재, 배출 및 환기 시스템을 사용하여 혼합되지 않도록 해야 한다.

4.1.5. 인체 위험성

질식은 산소 부족으로 인한 무의식을 의미한다. 모든 증기는 독성 여부와 관계없이 단순히 공기 중 산소를 배제함으로써 질식을 유발할 수 있다. 위험 지역에는 화물 탱크, 빈 공간 및 화물 펌프실이 포함된다. 하지만 빈 탱크에서 강철의 부식과 같은 자연적 원인으로 인해 산소가 부족할 수 있다. 이러한 공간에 들어가기 위해서는 밀폐구역 출입 절차를 지켜 출입해야 한다. 또한 특정 증기는 신경계에 미치는 영향으로 인해 의식 상실 또는 마취를 유발할 수 있다. 화물 취급 중 선박에서 사용되는 비 화물 자재로 인해 추가 건강 위험이 나타날 수 있다. 한 가지 예시를 들어보면 액체 질소로 인한 동상을 들수 있다. 화물 탱크의 대기 제어. 동상 처리에 대한 완전한 조언은 MFAG에 포함되어있다.

4.1.6. 기타 위험성

탱커선의 위험성은 결국 화물의 특성에 의해 발생하는 것으로, 탱커선 위험구역은 화물구역을 중심으로 주변 구획들에 해당한다. 화물 탱크, 화물 펌프실(Pump room), 화물 탱크와 인접한 발라스트 탱크, 보이드 스페이스, 화물구역 내 기타 공간 등이다. 탱커에는 화물 가스가 잔류하거나 전이될 수 있는 구역을 위험구역으로 구분하고, 이러한 구역에 설치되는 각종 설비에 대해 엄격히 규제하고 있다. 탱커선 근무자들은 위험구역 내모든 작업에 대해 사전에 위험성을 파악하고, 안전을 확보한 후 작업을 진행해야 한다.

탱커선의 운송화물은 해상에 유출될 경우 해양환경에 심각한 영향을 미친다. 유해 액체 물질은 그 물질의 물리적 위험성뿐만 아니라 해양생물 및 인간에 대해서도 독성을 미치는 등 해양생태계와 환경에 중대한 영향을 초래할 경우가 있다. 유해 액체 물질의 오염성에 대해서는 유출물질의 수용성, 부유성과 같은 물리적 화학적 특성, 인화성, 화재폭발의 위험성 및 점성, 악취, 생물 독성 등과 같은 대 환경 독성에 대한 성상을 충분히파악할 필요가 있다. SOLAS chapter VII과 MARPOL, IBC Code는 탱커선 화물 유출로 인한 환경오염 피해를 막기 위해 선체구조와 기준에 대한 국제표준을 제시하고 있다. 그러나 좌초, 충돌과 같은 인적과실에 의한 선체 손상이 발생하면 선박의 구조기준이 강화되어도 환경 오염은 발생한다. 따라서 이러한 환경 위험성을 갖는 탱커화물이 해상에유출되지 않도록 화물 작업과 항행안전에 각별한 주의가 필요하다. 유출이 발생한 경우다음의 사항들을 사전에 확인하여 적절한 대응을 하도록 한다.

유해 액체 물질에는 기름과 달리 광범위한 독성을 가진 물질이 많은데 유해 액체 물질과는 접촉, 증발가스의 흡입 등 독성에 의한 건강 위험성에 대해서도 충분히 파악하고있어야 한다. 독성에는 단시간에 영향을 초래하는 급성독성, 장시간 경과 후에 건강장해를 일으키는 만성 독성 및 생체 내에 축적되는 독성 등이 있다. 또 공기중의 산소를 희석 또는 산소와 반응하는데 따라 산소농도를 저하하는 등 산소결핍을 일으킬 위험성이 있는 물질도 있다. 방제 등의 처리작업을 행하는 경우에는 이와 같은 독성 또는 산소결핍의 방지를 위한 호흡구와 피부접촉을 차단하기 위한 방호복의 착용 등 충분한 방호대책을 취해야 한다.

운송 중 고온을 유지해야 할 필요가 있는 화물은 적·양하 시 관련 작업자가 화상을 입을 위험이 있다. 고온 유지를 위한 가열장치(Heating system)는 순환식과 히팅 코일식이 많이 이용되며, 해당설비에 연결되는 고온의 배관 장치에 의한 화상방지 등의 주의사항이 요구된다.

4.2 가스 검지기(위험성 측정 장비)

4.2.1. 가스 검지기

가스 검지기는 안전 시스템의 일부로 한 영역에 가스가 있는지 감지하는 장치이다. 장비는 가스 누출 또는 기타 배출물을 감지하는데 사용되며, 제어 시스템과 인터페이스로 연동되어 프로세스를 자동 종료할 수 있다. 가스측정은 건강 위험성 중 질식사고, 독성 위험성을 제어하는 수단으로 인명사고와 직결되기 때문에 측정 시기와 방법에 대해 파악해야 한다. 또한 독성 가스측정기가 정상작동이 되지 않거나, 잘못된 값이 나타나는 경우 원칙적으로 독성화물의 적재 자체가 불가하다. 가스측정은 화물 탱크의 대기 통제를 위해서도 사용된다. 가스 검지기는 누출이 발생한 지역의 작업자에게 경보음을 울려서 작동하며, 가연성, 독성 가스 및 산소 고갈을 감지하는데 사용할 수 있다. 가스의 측정은 대기통제를 위해 탱크 내 가스구성을 확인하는 가장 정확하고 효과적인 수단이다. 탱크 내부의 가연성가스 농도, 산소농도, 독성가스를 측정하고, 그 결과를 바탕으로 불활성화, 퍼징, 가스 프리 등의 제어조치를 결정할 수 있다.

케미컬 탱커에는 화재·폭발 사고를 비롯하여 제4장에서 서술한 산소 결핍증과 독성 가스에 의한 피독 등 여러 형태의 안전사고 위험이 내재되어 있다. 따라서 이러한 사고를 예방하기 위해서는 각종 안전사고의 기본 개념과 안전수칙을 충분히 숙지하고 철저히 준수해야 한다. 특히 필수적으로 작업 시 공간의 가스농도를 측정하여 안전한 환경에서 작업을 수행해야 한다. 케미컬 탱커에서 사용하는 가스 검지기의 종류는 가연성 가스 검지기, 산소 검지기 및 독성 가스 검지기 등으로 구분할 수 있다. 또한 고정식 장치와 휴대용 장치로 구분하며, 이 교재에서는 검지기에 중점을 두고 각종 가스 검지기의 사용 방법에 대하여 설명한다.

4.2.2. 가스 검지기의 필요성 및 가스 측정

검지기는 가스 또는 산소의 농도를 검사함으로써 인체와 선박에 대한 위험을 예방하는 것에 필요성이 있다. 가스로 발생하는 대부분의 사고는 폭발 사고와 연관되며, 폭발이란 가연성 가스와 공기(산소)와의 혼합가스에 점화원을 가할 경우에 발생하는 화염 전파속도가 매우 빠른 비정상 연소이다. 이 경우 혼합가스에 점화원을 가한다고 해서 항상 폭발이 수반되는 것은 아니며, 가연성 가스와 산소와의 혼합비가 적절한, 즉 폭발영역의 혼합가스인 경우에 점화원을 가하면 폭발이 일어나게 된다. 따라서 각종 열 작업 시 폭발사고를 방지하기 위해서는 작업환경이 폭발범위 내에 있지 않음을 반드시 확인해야 하며, 이를 위해서는 가연성 가스와 산소의 농도를 측정해야 한다. 이처럼 가연성 가스 검지기는 불활성 가스나 공기 중에 포함된 탄화수소, 원유로부터 발생된 유증기 등의 농도를 측정하는 계기로서 유조선 및 그 밖의 탱커에 있어서의 폭발사고를 방지하기 위한 필수적인 계기이다. 또한 밀폐구역에 입장하기 위해서는 항상 산소, 가스의 농도를 확인하여야 하며, 그와 관련한 체크리스트의 예시는 아래 〈그림 4-1〉과 같다.

대부분의 가스 검지기는 작동과 동시에 가스를 측정하며, 가스를 측정하는데 오류가 발생하지 않게 하기 위하여 정기적으로 교정(Calibration)을 수행한다. 모든 가스 검지기는 일정에 따라 교정해야 하며, 가스 검지기의 두 가지 폼 팩터 중에서 휴대용 환경은 규칙적인 환경 변화로 인해 더 자주 교정해야 한다. 고정 시스템의 일반적인 교정 일정은 장치를 사용하여 분기별(Half year), 1년(yearly)마다 또는 2년(Every 2 years)마다 해야 하는 경우가 있다. 휴대용 가스 검지기의 일반적인 교정 일정은 월별 교정과 함께 일별 "Bump Test"이다. 거의 모든 휴대용 가스 검지기에는 제조업체에서 제공하는 특정 보정 가스가 필요하고, 미국에서는 OSHA (Occupational Safety and Health Administration)가 주기적 재보정을 위한 최소 표준을 설정하고 있다.

가스 검지기의 사용에 있어서 가스농도를 표시하는 방법에는 가스의 농도를 체적비로 표시하는 VOL., %와 최저 폭발한계(LEL)를 기준점으로 하여 표시하는 %LEL이 있다. 최저 폭발한계의 값은 가스의 종류에 따라 다르며, 다음의 〈표 4-1〉과 같다.

Kind of Gas	LEL [vol.%]	UEL [vol.%]	S.G. (Air=1)
Gasoline	1.4	7.6	3~4
Ethylene	2.7	34.0	0.97
Toluene	1.2	7.0	3.18
Benzene	1.2	8.0	2.70
Acethylene	1.5	100	0.90
Hydrogen sylphide	4.0	44.0	1.20

〈표 4-1〉 가스 종류에 따른 LEL 및 UEL

밀폐구역 출입허가 (Enclosed space entry permit)

이 허가서는 밀폐구역 출입에 관한 허가 요건을 규정한다.
This permit relates to entry into any enclosed space as described in (Chapter 7 of PR-04)

일반사항(General)

장소/ 밀폐구역(Location/Name of Enclosed Space) _____

출입 사유(Reason for Entry) _____

허가 기간(This permit is valid) from_____ hrs   Date _____ (See Note 1)

to_____ hrs   Date _____

이전 화물명(Name of Previous Cargo): _____

Section 1 – 사전준비(Pre-Entry Preparations)
선장/ 책임사관 점검(To be checked by the master or responsible officer)

☐ 이_작업을 위해 위험성 평가는 적절히 실시 되었는가?   _____
(Has risk assessment for this work been conducted appropriately in advance?)
** Concerned R/A should be attached with this permit.

☐ 해당 구역으로 연결된 관 계통이 맹판/차외 등의 방법으로 분리되어 있는가?   _____
(Has the space been segregated by blanking off or isolating all connecting pipelines or valves and electrical power/equipment?)

☐ 해당 구역으로 연결된 관 계통의 모든 밸브는 오동작에 의한 개방을 방지하기
위하여 고정되어 있는가?   _____
(Have valves on all pipelines serving the space been secured to prevent their accidental opening?)

☐ 해당 구역은 소제되었는가? (Has the space been cleaned?)   _____
**Fill 'Yes' if tank cleaning was done before entry. (In case of squeezing for cargo tanks, fill 'No' because no required tank cleaning before entry) and fill 'No' if ballast tanks & others were not cleaned before entry

☐ 해당구역은 환기되었고, 유지되고 있는가? _____
(Has the space been thoroughly ventilated and maintained?)   Method: _____
**Should be used the portable water fan if not fitted mechanical ventilation and maintained the ventilation continuously while the enclosed space is occupied

☐ 사전 대기 시험(Pre-entry atmosphere tests): [Time: _____]   (See Note 2)
기준 산소 (Readings Oxygen) _____ % Vol (20.8±0.2%), Used equip': _____
탄화수소 (Hydrocarbon) _____ % LFL (Less than 1%), Used equip': _____
독성가스 (Toxic Gases) _____ _____ _____ ppm(Less than 50% OEL of the specific gas-See Note 3), Used equip': _____

☐ 적절한 조명과 통로가 확보되었는가? (Are adequate illumination and access provided?) _____

☐ 출입구에 응급소생장치 및 구조장비가 즉시 사용할 수 있도록 준비되어있는가?   _____
(Is rescue and resuscitation equipment available for immediate use by the entrance to the space?)

〈그림 4-1〉 밀폐구역 출입허가 예시(1)

밀폐구역 출입허가 (Enclosed space entry permit)

□ 밀폐구역 진입을 위한 자장식 호흡구의 사용은 친숙한가?　　　　　＿＿＿＿＿＿＿＿
(Those entering the space are familiar with any breathing apparatus to be used?)

- 다음과 같은 항목의 점검 확인 필 (Should be checked as below)
  - Gauge and capacity of air supply　　　　　　　　＿＿＿＿＿＿＿＿
  - Low pressure audible alarm　　　　　　　　　　＿＿＿＿＿＿＿＿
  - Face mask: Under positive pressure and not leakage　＿＿＿＿＿＿＿＿

□ 진입자 구조를 위한 안전확보장치 또는 구조줄이 제공되었는가?　　＿＿＿＿＿＿＿＿
(All personnel entering the space have been provided with rescue harnesses and, where practicable, lifelines)

□ 출입구에 대기할 책임자가 지정되어 있는가?　　　　　　　　　　＿＿＿＿＿＿＿＿
(Has a responsible person been designated to stand by the entrance to the space?)

□ 당직사관(선교, 기관실)에게 출입/ 작업에 관한 상세가 통보되었는가?　＿＿＿＿＿＿＿＿
(Has the Officer of the Watch (bridge, engine room, cargo control room) been advised of the planned entry?)

□ 대기인원과 출입한 인원간의 통신수단은 확보/ 확인 되었는가?　　　＿＿＿＿＿＿＿＿
(Has system of communication between the person at the entrance and those entering the space been agreed and tested?)

□ 작업자 간 비상대응 신호 및 긴급 철수절차는 확인되고 숙지되었는가?　＿＿＿＿＿＿＿＿
(Are emergency signal and evacuation procedures established and understood between all parties?)

□ 해당 구역에의 출입 인원을 계속 기록하고 있는가?　　　　　　　　＿＿＿＿＿＿＿＿
(Is there a system for recording who is in the space?)

□ 해당 장비는 출입 전 검사되고 승인되었는가?　　　　　　　　　　＿＿＿＿＿＿＿＿
(Is all equipment used of an approved type?)

□ 작업자는 적절한 복장과 장비를 착용했는가?　　　　　　　　　　＿＿＿＿＿＿＿＿
(Are personnel properly clothed and equipped?)

□ 안전 점검 후 현장 통제를 위한 Tag [예] Safe to enter or Not safe to enter]는 적절히 설치 되었는가?　＿＿＿＿＿
(Is a tag [Safe to enter or Not safe to enter] for rigorous control prepared in place?)

서명(To be signed by):

선장 (Master)	Sign	Date	Time
책임사관 (Responsible officer)	Sign	Date	Time

Section 1 - 사전준비(Pre-Entry Preparations)란은 상기 일반사항의 밀폐구역 출입 허가 기간 시작 전에 완결되어야 하며 및 선장의 최종 서명이 되어야 한다.
(Section 1 - Pre-Entry Preparations should be completed prior to start this permit's validity and then should be confirmed by master's signature.)

〈그림 4-1〉 밀폐구역 출입허가 예시(2)

휴대식 가스측정 장치를 이용해 가스를 측정하는 경우, 측정 장소는 다양한 위치에서 이루어져야 한다. 또한 가스측정을 수행할 때에는 불활성화나 환풍 및 Gas free 작업은 중지되어야 한다. 해당 작업들로 인하여 내부가스의 불안정한 상황이 지속되고, 이는 잘못된 측정값으로 나타날 수 있다. 가스측정을 수행하는 작업자는 사전에 가스의 건강 위험성을 파악하고 적절한 안전장비를 착용 및 준비하여 측정을 실시한다. 가스측정 시 유의사항은 다음과 같다.

- 가스 검지기를 측정할 때에는 압력을 고려해야 한다.
- 화물가스의 허용농도는 가스의 종류, 작업내용(화기사용, 폭로시간 등)에 따라 다르므로 담당 사관이 적절히 판단한다.
- 최초의 위험가스 검지는 책임 있는 사관이 실시해야 한다.
- 가스 검지기는 적재화물에 맞는 것을 사용해야 하며, 특히 독성화물의 경우 허용 한도가 낮으므로(ppm단위) 충분히 주의해야 한다.

케미컬 탱커에서 운반하는 다양한 유해 액체 화물이 해상에서 운송됨에 따라 종합적이고 체계적인 화학물질의 선상 관리가 필요하게 되었다. 그러나 화물의 종류가 다양하고 정보의 획득이 어려운 선박의 특징으로 인해, 화학물질의 체계적인 정보와 유해성 및 대응방법을 문서화하여 제공하는 MSDS를 도입 및 시행하게 되었다. 제2장에서 서술한 MSDS는 우리나라의 경우 산업안전보건법 제41조에 따라 화학제품을 제조하거나 생산하여 판매하는 사업주와 화학제품을 수입하는 사업주 모두 동일하게 MSDS를 제공하기 때문에 육상 관련자는 화물선적 전에 선박으로 MSDS를 전달하고, 선박에서는 이를 이용하여 안전한 화물운송 계획을 전 항차에 걸쳐 계획해야 한다. 이러한 MSDS를 고려하여 가스는 아래의 경우에 측정한다.

- 화물탱크의 클리닝 작업 전
- 작업자의 진입 전
- 수리작업, 입거를 위해 가스 프리 실시 이후
- 불활성화 작업 중, 가스 프리, 퍼징 작업 중

- 화물 작업 개시 전
- 기타 가스측정이 필요한 경우

4.2.3. 가스 검지기의 종류

선박에서 사용하는 가스 검지기는 고정식과 이동식으로 구분되며, 고정식 검지기는 CCR에 일반적으로 설치되어 거주구역, 발라스트 탱크, 갑판상의 창고 및 펌프 룸 등의 가스 농도를 지속적으로 측정하는 장비이다. 이동식 가스 검지기는 측정하고자 하는 가스 또는 공기의 종류와 양으로 구분되며, 대표적으로 케미컬 탱커에서 사용하는 이동식 가스 검지기는 다음과 같다. Drager 사의 X-AM 7000, Riken Keiki 사의 RX-415, Toka Seiki 사의 P-508, GMI사의 VISA, HONEYWELL 사의 Minimax X4, Riken Keiki 사의 GX-2001 등이다. 여기에 케미컬 탱커에서는 독성 가스를 검지해야 하기에 Gastec 사의 독성 가스 검지기를 사용한다.

고정식 가연성 가스 검지기는 〈그림 4-2〉와 같이 외관과 내부를 확인할 수 있다. 고정식 가스 검지기의 교정은 0점 조절(Zero Calibration), 스판가스(span) 교정으로 구분된다. 0점 조절은 〈그림 4-3〉의 절차로 이루어지며, 말 그대로 0점을 조절하는 절차이다. 패널의 화면에서 오른쪽의 그림과 같이 스위치를 눌러서 Lamp를 켠다. 그런 다음 센서의 관리 버튼을 3초 정도 누르면, 숫자가 0.0에서 깜빡거리다가 30초 이상 기다린 후에 다시 관리 버튼을 3초 정도 누르면 완료된다. 이처럼 기기마다 0점 조절과 스판가스 교정법이 모두 제각각이기 때문에 이것은 예시로 보여주고 실무에서는 매뉴얼을 참고해야 한다.

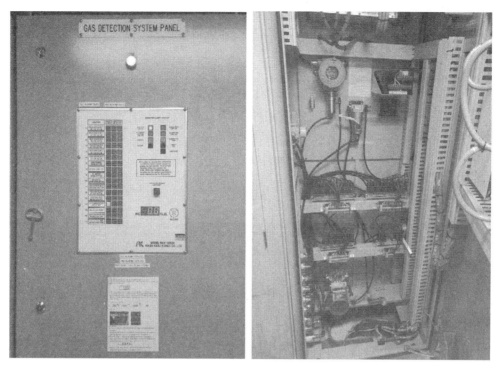

〈그림 4-2〉 고정식 가스 검지기의 예시

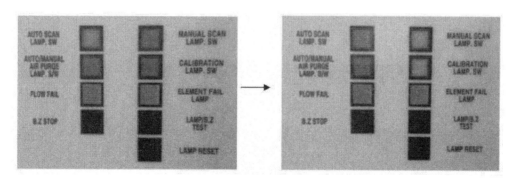

〈그림 4-3〉 고정식 가스 검지기 0점 조절

스판가스 교정은 〈그림 4-4〉와 같이 스판가스를 이용하여 교정하는 방법이다. 이 방법은 0점 조절과 같이 검지기에 따라 차이가 있으며, 스판가스에 가스 농도에 맞추어 조절해주면서 교정하는 방법을 의미한다.

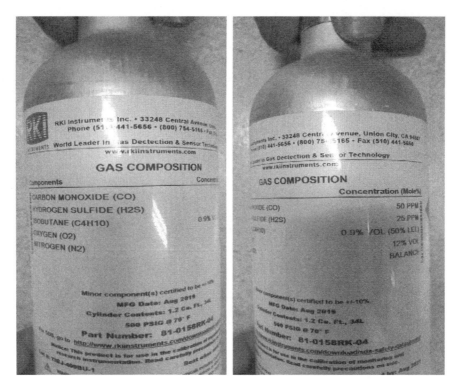

〈그림 4-4〉 스판가스

본 교재에서는 이동식 가스 검지기에 대하여 좀 더 알아보고, 실제 선박에서 사용하는 검지기의 예시를 통해 0점 조절과 교정법 등을 알아보고자 한다.

① Drager 사의 X-AM 7000

X-AM 7000은 Hydro Carbon(HC) (LEL/VOL%), O2, H2S, CO를 다양하게 측정 가능한 적외선 방식의 다목적 감지기이다. 〈그림 4-5〉와 같으며, X-AM 7000은 작업장에서 대기 중에 있는 몇 가지 가스들의 농도를 지속적으로 모니터링하기 위한 휴대용 가스 측정 장비이다. 위의 검지기는 장착되는 센서 및 프로그래밍 된 소프트웨어에 따라 많은 기능을 사용할 수 있지만, 본선의 검지기의 경우 센서가 4가지이기 때문에 기능들을 사용하면서 제한이 따른다.

다음의 방법으로 검지기를 사용하며 여러 많은 기능들은 간단히 설명하도록 한다. 전원을 켜기 위해서 OK 버튼을 꾹 누르고 있으면 화면이 표시되는데, 3초간 유지해야 한다. 알람이 울리면 OK 버튼을 풀어주게 되면 자체 TEST가 시작되고 센서의 상태를 표시한다. 각 센서들의 범위 값, 알람 세팅 값을 확인하고자 할 때는 버튼을 누르지 말고 기다리면 표시되며, OK 버튼을 누르게 되면 그냥 바로 측정 모드로 전환된다. 왼쪽의 화살표에서 위로 향한 화살표를 길게 누르면 검지기의 정보와 공지 메시지, 실패(Fault) 메시지를 확인할 수 있으며, 이 기능은 전원이 꺼진 상태에서도 가능하다. 아래로 향한 화살표를 길게 누른 후 OK 버튼을 눌러 Password를 입력하게 되면 각 기능들의 설정 및 확인 등을 할 수 있는 메뉴가 열리게 된다. 이러한 순서를 완료하였다면, 다시 측정 모드로 전환하여 사용한다. 기기 사용 후 충전을 해야 하는데 충전 어댑터에 기기를 장착시키는 것만으로 충전이 되지 않고, 어댑터에 기기를 장착한 후 화면에 충전 모드 표시가 되는지 확인이 필요하다.

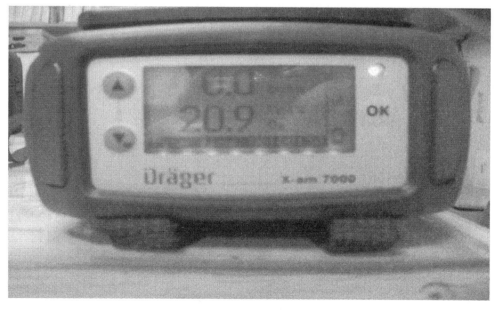

〈그림 4-5〉 X-AM 7000

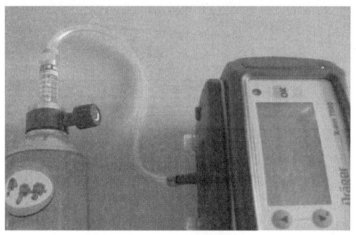

〈그림 4-6〉 X-AM 7000 교정 작업

② Riken Keiki 사의 RX-415

RX-415는 HC(LEL/VOL%), O2 만을 간단한 조작으로 측정 가능한 적외선 방식의 가스 검지기이다. RX-415는 탱크 등 농도 높은 밀폐구역의 VOL 및 LEL 검지용으로 자주 사용되며, 이너팅 작업 중에 가장 많이 사용한다. 낮은 농도(LEL)에서 높은 농도(VOL%)까지 측정 가능하며, 탱커에서 사용되기 때문에 방폭(검출기 : 방폭, 다른 전기 회로와 펌프, 본질 안전 디자인)으로 구성되어 있다. 또한 N2에서 HC / O2, CH4 / O2, 신뢰성 NDIR 방식에 불활성 가스와 공기의 측정이 가능하다. 전원을 켬과 동시에 작동이 되며, 0점 조절과 스판 가스 교정이 필요하다. 최근에는 RX-415의 대안으로 〈그림 4-7〉과 같은 GX-8000을 사용하기도 하지만, 비슷한 성능을 가지고 있다.

〈그림 4-7〉 RX-415

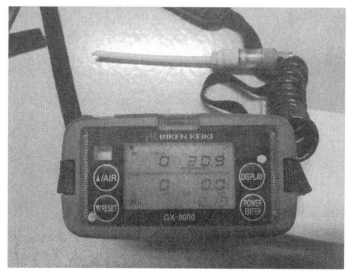

〈그림 4-8〉 GX-8000

③ Toka Seiki 사의 P-508

P-508은 화물을 바꿔 선적하기 위해 질소 치환 시 탱크 내의 가연성 가스를 검지할 때 주로 사용하며, 〈그림 4-9〉와 같다. 질소 순도를 측정하기 위해 일반적으로 사용하는 검지기로 위의 검지기는 적외선 방식이었으나, 이 검지기는 촉매산화방식의 가스 검지기이다. 가스는 0~100% LEL 범위를 측정하며, Select 스위치를 통해 0~20% LEL로 측정이 가능하다.

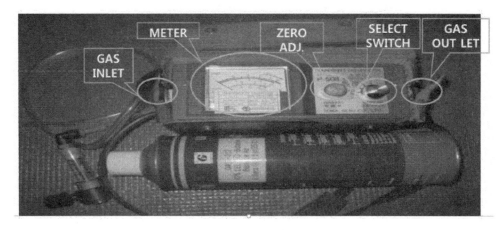

〈그림 4-9〉 P-508

④ GMI 사의 VISA

GMI VISA는 HC(LEL), O2, H2S, CO를 다양하게 측정 가능한 다목적 포켓용 가스 검지기이다. 하지만 포켓용 가스 검지기로는 크기가 크다는 단점이 있다. 〈그림 4-10〉과 같으며, 오른쪽의 전원을 켬과 동시에 가스 검지를 시작한다. 검지기 아랫부분에 4개의 센서를 통해 검지한다.

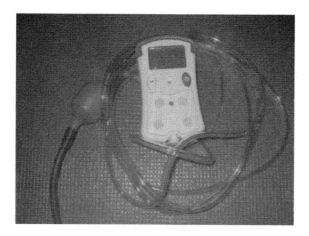

〈그림 4-10〉 VISA

⑤ HONEYWELL 사의 Minimax X4

Minimax X4는 HC(LEL), O2, H2S, CO를 다양하게 측정 가능한 다목적 포켓용 전기화학식 및 촉매산화식 센서를 사용하는 가스 검지기이다. GMI VISA보다는 작지만, 크기가 큰 편으로 〈그림 4-11〉과 같다. 검지기의 위쪽에 있는 4개의 센서를 통해 검지를 시작하며, 측면의 전원 버튼을 켜면 자동으로 가스를 검지한다.

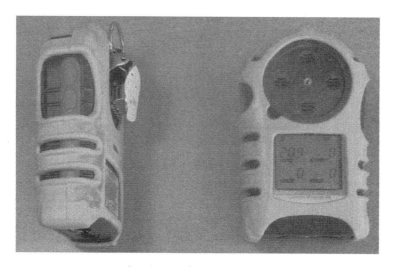

〈그림 4-11〉 Minimax X4

⑥ Riken Keiki 사의 GX-2009

GX-2009는 밀폐구역 진입 용도이며, HC, O2, H2S, CO를 측정한다. GX-2009는 대기 측정식이며, 경보 음량이 높아 소음이 심한 곳에서도 사용이 가능하다. 〈그림 4-12〉는 GX-2009와 같다.

〈그림 4-12〉 GX-2009

⑦ Gastec 사의 독성 가스 검지기

Gastec의 독성 가스 검지기는 위의 휴대용 가스 검지기와 검지하고자 하는 물질이 다르다. 케미컬 탱커에서는 화물의 종류에 따라 인체에 유해한 독성가스가 존재하게 된다. 독성 가스란 공기 중에 일정량 이상 존재할 경우 인체에 유해한 독성을 가진 가스로써 허용농도(TLV-TWA)가 200ppm 이하인 것을 말한다. 그 종류에는 아크릴로니트릴, 아황산가스, 암모니아, 일산화탄소, 이황화탄소, 불소, 브롬화메탄, 염화메탄, 산화에틸렌, 시안화수소, 황화수소, 모노메틸아민, 디메틸아민, 벤젠, 포스겐, 요오드화수소, 브롬화수소, 염화수소, 불화수소 등 여러 가지가 있으며, 각종 가스의 독성 허용농도는 다음의 〈표 4-2〉와 같다.

독성 가스 검지기는 설치·취급 면에 있어서 고정식 검지기와 휴대식 검지기로 나눌 수 있으며, 센서의 종류에 따라 검지관 방식, 정전위전해식 및 시험지 광전광도식 등이 있다. 휴대식은 〈그림 4-14〉와 같이 독성 튜브를 사용하는데, 이는 일정한 내경(약 2~4mm)을 가진 유리관에 검지제를 충전하여 관의 양단을 밀봉하고 있는 것으로써 측정하고자 하는 가스에 따라 튜브가 달라진다. 그 원리는 충분히 정제된 실리카겔, 활성 알루미나 또는 유리입자 등의 흡착제에 발색시약을 흡착시켜 건조시킨 것으로 시료가스 중의 특정가스와 화학적 반응에 의하여 민감하게 반응이 일어나도록 한 것이다.

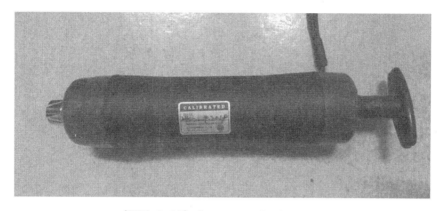

〈그림 4-13〉 Gastec toxic detector

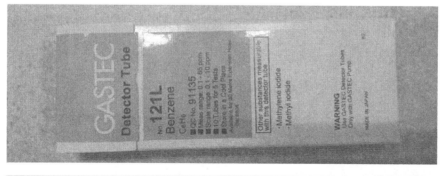

〈그림 4-14〉 Toxic Tube

Kind of Gas	TLV	Kind of Gas	TLV
Vinyl chloride	5	Ammonia	25
Acetic acid	10	Chlorotoluene	50
Ethylene oxide	10	Toluene	100
Acrylonitrile	2	Benzene	25
Methyl bromide	5	Carbon monoxide	50
Hydrogen Sulfide	10	Gasoline	300

〈표 4-2〉 가스 종류에 대한 TLV

독성 가스 검지기를 사용하는 절차는 〈그림 4-15〉와 같으며, 아래의 설명과 같다.

먼저, 기기가 공기가 새지 않도록 꽉 조여져 있는지 검사한다. 만약 검지기에 새는 곳이 있을 경우 정확한 값을 얻을 수 없다. 독성 튜브를 연결하는 곳이 확실히 조여져 있는지 확인한다. 확인 후 기기의 핸들을 가이드라인이 안 보일 때까지 완전히 집어 넣고 사용하지 않은 튜브를 연결한다. 빨간 선과 ▲100 마크를 맞춘다. 이때 flow finish를 가리키는지 확인한다. 실린더를 꽉 잡고 핸들을 끝까지 뽑아내어 잠금 위치까지 당긴 후 1분간 기다린다. 이때 flow finish 지시기가 흰색이 아니어야 한다. 핸들을 1/4바퀴 정도 돌려 잠금을 푼 후 핸들을 원래의 위치로 밀어 넣는다. 이때 flow finish 지시기가 다시 나오는지 확인한다.

다음은 튜브의 선택이다. 측정하려는 물질과 근접한 농도에 근접한 Gastec 독성 튜브를 선택한다. 튜브별 측정시간과 펌프질 횟수와 쌍둥이 튜브의 경우 연결 순서 또한 확인한다. 튜브를 읽을 때, 온도, 습도, 기압 등의 보정치가 있는지 확인하고, 있다면 측정 시 같이 기록해 둔다. 측정을 방해하는 가스가 있는지 확인한다. 만약 있다면 방해가스의 농도를 측정하고, 검지 튜브에 영향을 미치는지 튜브 매뉴얼을 확인한다.

마지막 측정단계이다. 검지튜브의 양쪽 끝을 기기를 이용하여 부러뜨린다. 쌍둥이 튜브의 경우 양쪽 끝을 쪼갠 후 ©가 표시되어 있는 쪽을 고무 연결부에 꼽는다. 기기의 핸들이 완전히 들어가서 안쪽 기둥이 안 보이는지 확인하고, 검지튜브의 ▶방향이 펌프의 고무 쪽으로 향하게 해서 집어넣는다. 기기 후면의 빨간 선을 가이드마크(▲100 또는 ▲50)에 맞춘다. 튜브를 측정지점에 향하게 한 후 원하는 양에 맞추어서 당긴 후 잠금 위치에 둔다. 지정된 검지 시간이 지날 때까지 기다린다. 측정의 종료는 핸들 쪽에 있는 flow finish 지시기에 표시가 되고, 측정이 종료되면 핸들을 1/4이상 돌려 원래의 위치에 둔다. 튜브의 매뉴얼은 〈그림 4-16〉과 같다.

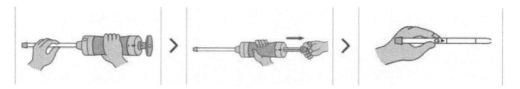

〈그림 4-15〉 독성 가스 검지기 작동 절차

〈그림 4-16〉 독성 튜브 매뉴얼의 예시(벤젠)

4.2.4. 가스 검지기 사용상 주의사항

선박에서 일반적으로 많이 사용하고 있는 접촉 연소식 가연성 가스 검지기의 특성 및 사용상의 주의사항은 다음과 같다.

- 산소농도가 13% 이상인 환경에서 사용해야 하며, 산소농도가 12% 이하인 곳에서는 정확하게 측정되지 않는다. 더구나 산소농도가 더 낮은 곳에서는 눈금이 작동하지 않는다. 만약 산소농도가 매우 낮은 곳의 가연성 가스 농도를 측정하고자 할 경우에는 희석기(Diluter)를 사용하여 측정할 수 있지만 그 경우 정밀도는 매우 낮게 된다.

- 가스의 농도가 폭발 상한계 이상, 즉 가스 과다영역의 가스를 흡입하면 계측 초기에 지침이 최대치까지 올라갔다가 곧 제로 근처로 되돌아온다. 이것은 가연성 가스에 대해 산소의 양이 부족하기 때문이며, 이러한 가스농도에서 자주 사용하면 검출소자에 탄소성분의 퇴적물이 축적되어 계기의 오차를 유발할 뿐만 아니라 결국 센서의 수명이 단축된다.

- 가스의 종류에 따라 100% LEL의 지시 값이 조금씩 다르기 때문에 정확한 값을 측정하기 위해서는 측정가스의 종류에 대해 보정을 해야 하며, 일반적으로 30% 이상의 안전 여유치를 두고 사용해야 한다.

- 검지기의 센서는 실리콘 증기, 유화물, 할로겐계 가스, 수분 및 불순물 등에 의해 열화된다. 이 경우 소자는 금속계이기 때문에 무통전 시에 순수한 물(증류수)로 씻은 후에 건조시켜서 다시 사용할 수 있다. 만약 통전 시에 물에 접촉하면 미세한 크랙이 생길 뿐만 아니라 센서의 감도가 저하하게 되므로 새 것으로 교환해야 한다.

- 폭발 분위기가 지속되는 위험 장소에는 이 계기를 설치 또는 사용해서는 안된다. 일반적인 사용 시 센서 또는 배터리 등의 교환은 반드시 폭발로부터 안전한 곳에서 행해야 한다.

〈참고문헌〉

· 남언욱, 2015. 케미컬 탱커 운영특성에 관한 실증분석, 한국해양대학교 박사학위논문.

· APC. 2002. MarineLine 784 [Online]. Available: http://www.adv-polymer.com/Marine_ Transportation_Protective_Coatings/pdfs/MarineLine784-protective-coatings.pdf [Accessed 02.03.2017].

· Available, http://www.marinelineturkiye.com/dosyaindir/Medya/ChemLine/marinlinepaint surface_artkim_ocak_2013.pdf [Accessed 10.04.2017].

· AYDIN. 2017. Evaluation for the cargo tank coatings. In: EYÜPOĞLU, A. (ed.).

· BALTA, Ö. 2017. Evaluation for the cargo tank coatings. In: KARABULUT, N. (ed.).

· BLT Chembulk Group, 2011. The Role of the Chemical Tanker in Everyday Life, CMA Luncheon, Stamford, CT, January 27, 2011

· ÇAKIROĞLU, H. 2017. Evaluation for the cargo tank coatings. In: EYÜPOĞLU, A. (ed.).

· ÇAKMAZ, O. 2017. Evaluation for the cargo tank coatings. In: KARABULUT, N. (ed.).

· Chemical Tanker Safety Guide, third edition, 2002. international chamber of shipping, London,

· Chemical tankers: the ships and their market, London, Fairplay Publications.

· CHEN, C. T. 2000. Extensions of the TOPSIS for group decision-making under fuzzy environment. Fuzzy sets and systems, 114(1), 1-9 CORKHILL, M. 1981.

· Drewery Shipping Consultants, 2009. Seaborne Chemical Trades and Vessel Demnad.

· KARAGÖZ, K. 2012. Reviewing Coating Issues of Cracking and Detachment [Online].

· ROGERS, J. 1971. Tank coatings for chemical cargoes. Trans. I. Mar., 83, 139-147.

· SALEM, L. S. 1996. Epoxy for Steel. Journal of Protective Coatings & Linings, 13, 77-98.

· SBS 뉴스, 2019, 울산 선박서 폭발 사고…선원 등 50명 구조.

· Solmaz, M. S., Eyüpoğlu, A., & Karabulut, N. 2020. Decision making in cargo tank coating in cargo tank catings for chemical tanker companies, conference paper,

· SOYKAN, G. 2017. Evaluation for the cargo tank coatings. In: KARABULUT, N. (ed.).

· VADAKAYIL, A. 2010. Stainless Steel Cargo Tanks [Online]. Available: https://ajitvadakayil.blogspot.com.tr/2010/12/clad-stainless-steel-and-solid-sscargo.html.

· Walderhaug and Hammer, 2007. Them Chemical Tanker Market. Internal Rapport Unpublished, Bergen: Odfjell Seacam

· WANG, Y. M. & ELHAG, T. M. 2006. Fuzzy TOPSIS method based on alpha level sets with an application to bridge risk assessment. Expert systems with applications, 31, 309-319.

| 공저 |

박 득 진
· 목포해양대학교 해상운송시스템학부 졸업(공학사)
· 목포해양대학교 대학원 해상운송시스템학과 졸업(공학석사)
· 목포해양대학교 대학원 해상운송시스템학과 졸업(공학박사)
· 목포해양대학교 LINC+ 사업단 초빙교수
· (현) 부경대학교 수산과학대학 해양생산시스템관리학부 교수

홍 태 호
· 목포해양대학교 해상운송시스템학부 졸업(공학사)
· 목포해양대학교 대학원 해상운송시스템학과 졸업(공학석사)
· 큐슈대학 지능시스템(공학박사)
· 목포해양대학교 대학원 해상운송시스템학과 졸업(공학박사)
· (현) 목포해양대학교 항해정보시스템학부 교수
· (현) 한국지능시스템학회 이사

이 인 길
· 한국해양대학교 해사대학 항해 전공 졸업(공학사)
· 한국해양대학교 대학원 해양교통학과 졸업(공학석사)
· 현대상선(주) 1등 항해사 및 감독
· 현대해양서비스(주) 감독
· (현) 에이치엠엠오션서비스(주) 트레이닝센터 팀장

원 주 일
· 인천해사고등학교 항해과 졸업
· 디엘쉬핑(주) 1등 항해사
· 엔디에스엠(주) 안품부 과장
· (현) 새한선관 안품부 감독

정 창 현
· 한국해양대학교 해사수송과학부 졸업(공학사)
· 한국해양대학교 대학원 항해학과 졸업(공학석사)
· 한국해양대학교 대학원 항해학과 졸업(공학박사)
· 목포해양대학교 항해학부 학부장
· (현) 목포해양대학교 항해학부 교수
· (현) 목포해양대학교 LINC+ 사업단 사업단장
· (현) 해양환경안전학회 편집위원

OIL & CHEMICAL TANKER 운용 실무

OIL & CHEMICAL TANKER SHIPBOARD OPERATION

2021년 3월 25일 초판 인쇄
2021년 3월 30일 초판 발행

저자 박득진 · 홍태호 · 이인길 · 원주일 · 정창현 공저
펴낸이 한신규
표지 · 본문 디자인 이은영
펴낸곳 **문현**출판
주소 05827 서울시 송파구 동남로 11길 19(가락동)
전화 02-443-0211 팩스 02-443-0212 이메일 mun2009@naver.com
홈페이지 http://www.mun2009.com
출판등록 2009년 2월 24일(제2009-14호)
출력·인쇄 ㈜대우인쇄 제본 보경문화사 용지 종이나무

ISBN 979-11-87505-42-6 93500   정가 20,000원